고차원선생의
수학 강의 노트

공통수학1 (하)

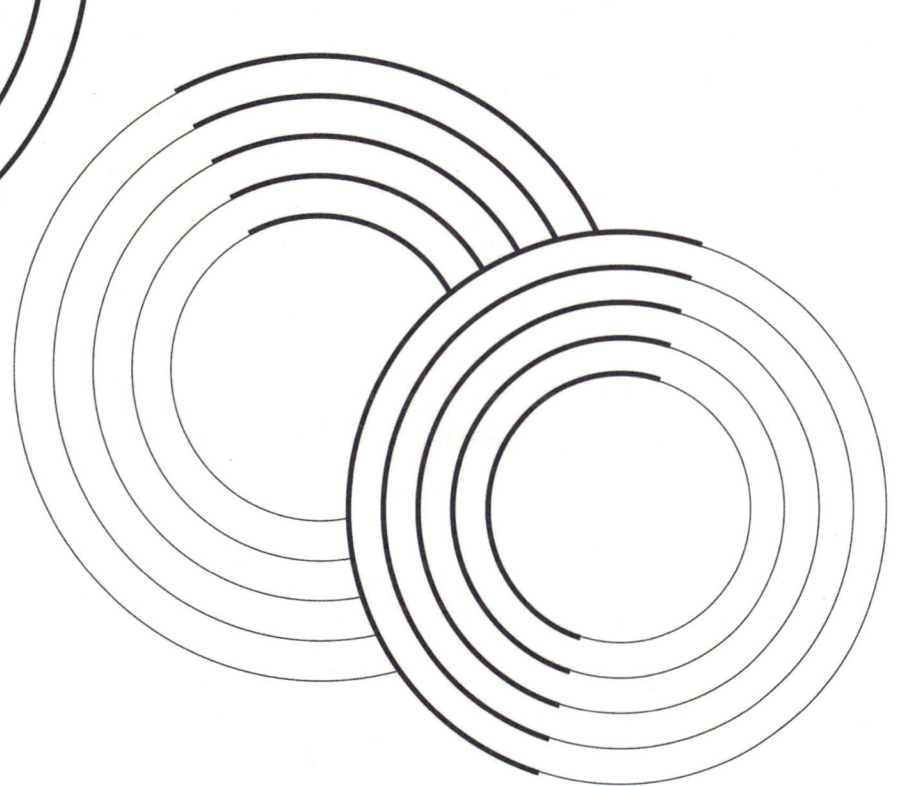

고차원 능률학습 연구소

이 책의 머리말

▌수학을 강의하는 선생님들께

어떻게 하면 학생들에게 수학을 잘 가르칠 수 있을까?
이런 생각은 학교, 학원, 과외 현장에서 선생님들이 겪는 고민거리라고 생각합니다.

수학 강의를 잘할 수 있는 방법에 대해 나의 견해를 말씀드리면
첫째, 개념과 원리에 대한 설명은 간단명료해야 합니다.
둘째, 교재에 기술되어 있는 대로 가르치지 말고 다시 각색을 하거나 도식화하여 정리해 주어야 합니다.
셋째, 교재에서 볼 수 없는 내재돼 있는 원리나 규칙도 찾아내 가르쳐야 합니다.

결론적으로 말씀드리면 학생들이 어려워하는 수학을 쉽고 재미있게 잘 가르치려면 선생님들께서 연구를 많이 하셔야 합니다. 나의 학원 강의의 비결은 내가 집필한 교재에서 되도록 간단명료하게 설명하려고 노력하였고 강의할 때 그대로 가르치지 않고 각색하여 간결하게 핵심만 요약하여 학생들이 쉽게 받아들이도록 하였으며 교재에 내재돼 있는 많은 원리들을 찾아내어 정리해 준 것입니다. 이 책에서는 내가 집필한 교재, 내용과 학원 강의 판서 내용을 그대로 실어 선생님들의 강의 연구에 보탬이 되었으면 합니다. 더불어 학생들을 가르치시는 선생님들의 노고에 경의를 표합니다.

▌수학을 공부하는 학생들에게

수학 학습은 문제를 많이 다루는 것도 중요하지만 어떤 문제라도 해결할 수 있는 기본 원리와 이론을 철저히 익혀두는 것이 바람직한 학습 방법입니다.
따라서, 이 책은 문제를 풀기에 앞서 기본 원리와 이론을 가장 짧은 시간 내에 최소의 노력으로 최대의 효과를 얻을 수 있도록 구성되었으므로, 다음과 같은 방법에 의해 이 책을 활용하기를 바랍니다.

1. 단원별 학습 방법
이 책으로 그 단원의 모든 기본 원리와 이론을 철저히 학습한 후 그 단원의 문제 풀이를 합니다.

2. 시험 전 학습 방법
이 책으로 시험 범위에 해당하는 부분의 모든 기본 원리와 이론을 철저히 학습한 후 예상 문제를 풀고 시험에 임합니다.

3. 전 단원 학습 방법
이 책으로 처음부터 끝까지 총정리한 후 수학능력시험·대학별고사를 치르는 것과 같은 방법으로 실전 모의고사 문제를 풀어 자기의 실력을 점검합니다.

공부를 잘할 수 있는 가장 좋은 방법은 선생님의 강의를 열심히 듣는 것과 자신에게 알맞은 참고서를 선택하여 여러 번 반복 학습하는 것입니다. 지금부터 당장 선생님의 강의를 듣고, **'반복! 반복 학습하라!'** 그러면 수학에 자신이 생길 것입니다.

고차원능률학습연구소

이 책의 구성과 특징

1 고차원선생의 수학 강의 노트다?!

서울 한샘학원에서 소위 일타 강사로 직접 수학을 강의한 내용 그대로를 강의 노트에 담아 가르치는 선생님과 수학을 공부하는 학생들에게 도움을 줄 수 있도록 하였다.

2 정말 수학을 읽으면서 느낀다고?!

수학을 암기 과목처럼 공부할 수 있는 방법을 연구하여
- 학생들이 복잡해하는 개념을 강의 를 통해 간단하게
- 학생들이 어려워하는 문제를 예시 를 통해 쉽고 재미있게
- 학생들이 싫어하는 풀이를 탐구 를 통해 명쾌하게
해결할 수 있도록 하였다.

3 가장 빠른 초스피드 수학이다?!

강의 는 개념을 한눈에, 예시 는 강의를 한눈에, 탐구 는 문제를 한눈에 알아볼 수 있도록 하여 한 권을 하루 24시간 안에 끝낼 수 있도록 요약 정리하였다.

4 한 권을 10회 이상 반복 학습한다?!

1과목 1책 주의는 어떤 과목이라도 공부하기 편한 교재 한 권을 선정하여 10회 이상 반복 학습하는 방법으로, 고차원수학을 이렇게 공부하면 그야말로 수학의 도사가 되어 어떤 어려운 문제라도 쉽게 해결할 수 있도록 구성하였다.

이 책의 학습 방법

1 개념 학습 방법

개념 은 대부분 복잡하고 긴 문장으로 이루어져 있기 때문에 잘 이해하려면 중요한 것에 밑줄을 그어 가면서 정독해야 한다.

2 강의 학습 방법

강의 는 복잡한 개념을 간단하게 요약해 놓은 것으로 언제든지 머리 속에서 꺼내 활용할 수 있도록 이해하고 암기해 두어야 한다.

3 기본예제 학습 방법

기본예제 는 요약된 강의 내용이 문제에 어떻게 적용되는지를 보여주는 것으로 반드시 강의를 활용하여 문제를 풀도록 해야 한다.

4 탐구 학습 방법

탐구 는 어려운 문제를 한눈에 알아보고 쉽게 푸는 방법을 제시해 주는 것으로 탐구를 통해 문제를 볼 줄 아는 안목을 길러야 한다.

5 풀이 학습 방법

풀이 는 가장 쉽고 간결하게 풀어놓았으니 풀이를 읽으면서 이해하거나 연습장에 쓰면서 따라 풀어보도록 한다.

6 단원점검문제 학습 방법

단원점검문제 는 앞에서 배운 부분을 충분히 반복 학습한 후 자신이 있다고 생각되면 아무런 도움 없이 스스로 연습장에 풀어 단원에 대한 성취도를 평가하고 미흡한 점이 있으면 배운 부분을 다시 반복 학습하도록 한다.

어려운 수학 문제를 잘 풀 수 있는 방법은 잘 모르는 문제와 씨름하지 말고 자신이 잘 알고 있는 개념과 문제를 여러 번 반복 학습하는 것이다. 그렇게 하면 수학 실력이 향상되어 어려운 문제도 쉽게 풀 수 있는 능력이 생긴다는 것을 명심해야 한다.

이 책의 내용을 한 눈에

IV

여러 가지 방정식

PART 01

삼차 · 사차방정식

명언

가르치는 것은 두 번 배우는 것이다.
- 주베르 -

01 삼차 · 사차방정식의 해법

1 곱셈 공식을 이용한 고차방정식의 해법

→ 삼차 이상의 방정식을 **고차방정식**이라 한다.

→ 고차방정식의 기본 해법은 앞에서 배운 방법을 총동원하여 인수분해하여 푸는 것이다.

→ 우선 곱셈 공식을 이용하여 인수분해한다.

(1) $a^3 + b^3 = (a+b)(a^2 - ab + b^2)$

(2) $a^3 - b^3 = (a-b)(a^2 + ab + b^2)$

(3) $a^4 - b^4 = (a^2 + b^2)(a^2 - b^2) = (a^2 + b^2)(a+b)(a-b)$

강의 **곱셈 공식을 이용한 고차방정식의 해법**

→ 공식을 잘 기억해 두세요!

→ 삼차 · 사차방정식은 우선 곱셈 공식을 이용하여 인수분해해 본다.

① $a^3 + b^3 = (a+b)(a^2 - ab + b^2)$

② $a^3 - b^3 = (a-b)(a^2 + ab + b^2)$

③ $a^4 - b^4 = (a^2 + b^2)(a^2 - b^2)$

$\qquad = (a^2 + b^2)(a+b)(a-b)$

주의 ① $a^2 - b^2 = (a+b)(a-b)$

② $a^2 + b^2 = (a+bi)(a-bi)$

주의 인수분해한 후 (　) 안의 식이 다시 인수분해가 되는 경우에는 반드시 인수분해를 해야 한다.

보기
$\begin{cases} a^4 - b^4 = (a^2 + b^2)(a^2 - b^2) \quad (\times) \\ a^4 - b^4 = (a^2 + b^2)(a^2 - b^2) \\ \qquad = (a^2 + b^2)(a+b)(a-b) \quad (\bigcirc) \end{cases}$

$\begin{cases} a^6 - b^6 = (a^3 + b^3)(a^3 - b^3) \quad (\times) \\ a^6 - b^6 = (a^3 + b^3)(a^3 - b^3) \\ \qquad = (a+b)(a^2 - ab + b^2)(a-b)(a^2 + ab + b^2) \quad (\bigcirc) \end{cases}$

다음 방정식을 푸시오.

(1) $x^3 + 1 = 0$ (2) $x^3 = 8$

탐구 $a^3 \pm b^3 = (a \pm b)(a^2 \mp ab + b^2)$

풀이 (1) **(1st)** 인수분해 공식을 이용하면

$$x^3 + 1 = 0 \qquad (x+1)(x^2 - x + 1) = 0 \qquad \therefore \ x = -1, \ x^2 - x + 1 = 0$$

(2nd) 근의 공식을 이용하여 $x^2 - x + 1 = 0$의 해를 구하면

$$x = \frac{1 \pm \sqrt{3}\,i}{2}$$

(3rd) 주어진 방정식의 해를 구하면

$$x = -1, \ x = \frac{1 \pm \sqrt{3}\,i}{2}$$

(2) **(1st)** 인수분해 공식을 이용하면

$$x^3 - 8 = 0 \qquad (x-2)(x^2 + 2x + 4) = 0 \qquad \therefore \ x = 2, \ x^2 + 2x + 4 = 0$$

(2nd) 근의 공식을 이용하여 $x^2 + 2x + 4 = 0$의 해를 구하면

$$x = -1 \pm \sqrt{3}\,i$$

(3rd) 주어진 방정식의 해를 구하면

$$x = 2, \ x = -1 \pm \sqrt{3}\,i$$

정답 (1) $x = -1, \ x = \dfrac{1 \pm \sqrt{3}\,i}{2}$ (2) $x = 2, \ x = -1 \pm \sqrt{3}\,i$

다음 방정식을 푸시오.

(1) $x^4 = 16$ (2) $2x^4 - 162 = 0$

탐구 ① $a^2 - b^2 = (a+b)(a-b)$ ② $a^2 + b^2 = (a+bi)(a-bi)$

풀이 **(1st)** 인수분해 공식을 이용하여 방정식을 풀면

(1) $x^4 - 16 = 0 \qquad (x^2 + 4)(x^2 - 4) = 0$

$(x + 2i)(x - 2i)(x + 2)(x - 2) = 0$

$\therefore \ x = \pm 2i, \ x = \pm 2$

(2) $2x^4 - 162 = 0 \qquad x^4 - 81 = 0 \qquad (x^2 + 9)(x^2 - 9) = 0$

$(x + 3i)(x - 3i)(x + 3)(x - 3) = 0$

$\therefore \ x = \pm 3i, \ x = \pm 3$

정답 (1) $x = \pm 2i, \ x = \pm 2$ (2) $x = \pm 3i, \ x = \pm 3$

2 인수 정리를 이용한 고차방정식의 해법

→ 방정식 $f(x)=0$에서 $f(\alpha)=0$인 α를 구한 후 조립제법을 이용한다.

강의 **인수 정리를 이용한 고차방정식의 해법**

→ $\pm$(상수항의 약수)를 대입해 본다!

→ $\pm$(상수항의 약수) 중에서 가장 간단한 것부터 차례로 대입하여 (준식)$=0$이 되는 x값을 찾는다.

→ $f(\alpha)=0$ → 인수분해 $f(x)=(x-\alpha)(몫)$

주의 몫은 조립제법을 이용하여 구한다.

기|본|예|제 03

다음 방정식을 푸시오.

$$x^4+x^3-x^2-7x-6=0$$

탐구 $\pm$(상수항의 약수) 중 가장 간단한 것부터 대입하여 식이 0이 되게 하는 x의 값을 구한 후 조립제법을 이용하여 인수분해한다.

풀이 **1st** $f(x)=x^4+x^3-x^2-7x-6$이라 하고 $f(\alpha)=0$인 α를 찾으면

$x=\pm1,\ \pm2,\ \pm3,\ \pm6$ 중 $f(-1)=0$, $f(2)=0$이다.

2nd 조립제법을 이용하여 $f(x)$를 인수분해하면

$$
\begin{array}{r|rrrr|r}
-1 & 1 & 1 & -1 & -7 & -6 \\
   &   & -1 & 0 & 1 & 6 \\
\hline
2 & 1 & 0 & -1 & -6 & 0 \\
  &   & 2 & 4 & 6 & \\
\hline
  & 1 & 2 & 3 & 0 &
\end{array}
$$

$$\therefore\ (x+1)(x-2)(x^2+2x+3)=0$$

3rd 인수분해한 식에서 해를 구하면

$$x=-1\ 또는\ x=2\ 또는\ x=-1\pm\sqrt{2}\,i$$

정답 $x=-1$ 또는 $x=2$ 또는 $x=-1\pm\sqrt{2}\,i$

3 **동일부분이 있는 고차방정식의 해법**

→ 동일부분을 치환하여 인수분해한 후 환원한다.

강의 **동일부분이 있는 고차방정식의 해법**

→ 치환을 이용한다!

→ 동일부분을 X로 치환하고 X를 구한 후 환원하여 x를 구한다.

→ 동일부분 $ax^2+bx=X$ (치환) → 환원; 이차방정식 → $x=\alpha,\ \beta$ (근)

기 | 본 | 예 | 제 04

다음 방정식을 푸시오.

(1) $(x^2+x)^2-8(x^2+x)+12=0$　　　(2) $(x+1)(x+2)(x+3)(x+4)=24$

탐구 　동일부분을 X로 치환하여 인수분해한 후 환원하여 x를 구한다.

풀이 　(1) **1st** $x^2+x=X$로 치환하고 인수분해하면

$$X^2-8X+12=0 \quad (X-2)(X-6)=0 \qquad \therefore\ X=2,\ X=6$$

2nd $X=x^2+x$로 환원하여 해를 구하면

ⅰ) $X=2$일 때, $x^2+x=2$　　$x^2+x-2=0$　　$(x+2)(x-1)=0$

$$\therefore\ x=-2,\ x=1$$

ⅱ) $X=6$일 때, $x^2+x=6$　　$x^2+x-6=0$　　$(x+3)(x-2)=0$

$$\therefore\ x=-3,\ x=2$$

(2) **1st** 치환할 것을 고려하여 짝을 맞추어 전개하면

$$\{(x+1)(x+4)\}\{(x+2)(x+3)\}-24=0$$

$$(x^2+5x+4)(x^2+5x+6)-24=0$$

2nd $x^2+5x=X$로 치환하고 인수분해하면

$$(X+4)(X+6)-24=0 \quad X^2+10X=0 \quad X(X+10)=0$$

$$\therefore\ X=0,\ X=-10$$

3rd $X=x^2+5x$로 환원하여 해를 구하면

ⅰ) $X=0$일 때, $x^2+5x=0$　　$x(x+5)=0$　　$\therefore\ x=0,\ x=-5$

ⅱ) $X=-10$일 때, $x^2+5x=-10$　　$x^2+5x+10=0$

$$\therefore\ x=\frac{-5\pm\sqrt{15}\,i}{2}$$

정답 　(1) $x=1,\ x=-3,\ x=\pm2$　　(2) $x=0,\ x=-5,\ x=\dfrac{-5\pm\sqrt{15}\,i}{2}$

---

4 **복이차식꼴의 고차방정식의 해법**

(1) $x^2 = X$로 치환하여 인수분해한 후 환원한다.

(2) 치환하여 인수분해가 되지 않을 경우 $A^2 - B^2$의 꼴로 변형하여 인수분해한다.

강의 **복이차식꼴의 고차방정식의 해법**

→ 직관 또는 $(\text{머리} \pm \text{꼬리})^2 - (\quad)^2$을 이용한다!

→ 직관에 의해 인수분해하거나 $A^2 - B^2$ 꼴로 변형하여 인수분해한다.

→ 복이차식 $= (\text{머리} \pm \text{꼬리})^2 - (\quad)^2$의 꼴로 변형

→ $A^2 - B^2 = (A+B)(A-B)$

기|본|예|제 05

다음 방정식을 푸시오.

(1) $x^4 - 2x^2 - 3 = 0$ (2) $x^4 - 23x^2 + 1 = 0$

탐구

① $x^2 = t$로 놓고 인수분해한다.

② 치환하여 인수분해되지 않으면 $A^2 - B^2 = 0$의 꼴로 변형한다.

풀이 (1) **1st** $x^2 = t$로 치환하고 인수분해하면

$$t^2 - 2t - 3 = 0$$

$$(t-3)(t+1) = 0 \qquad \therefore t = 3 \text{ 또는 } t = -1$$

2nd $t = x^2$로 환원하여 해를 구하면

$$x^2 = 3 \text{ 또는 } x^2 = -1$$

$$\therefore x = \pm\sqrt{3} \text{ 또는 } x = \pm i$$

(2) **1st** 치환하여 인수분해가 되지 않으므로 식을 변형하여 인수분해하면

$$(x^4 + 2x^2 + 1) - 25x^2 = 0 \qquad (x^2+1)^2 - (5x)^2 = 0$$

$$(x^2 + 5x + 1)(x^2 - 5x + 1) = 0$$

$$\therefore x^2 + 5x + 1 = 0 \text{ 또는 } x^2 - 5x + 1 = 0$$

2nd 각 식에서 해를 구하면

$$x^2 + 5x + 1 = 0 \text{에서 } x = \frac{-5 \pm \sqrt{21}}{2}$$

$$x^2 - 5x + 1 = 0 \text{에서 } x = \frac{5 \pm \sqrt{21}}{2}$$

정답 (1) $x = \pm\sqrt{3}$ 또는 $x = \pm i$ (2) $x = \dfrac{-5 \pm \sqrt{21}}{2}$ 또는 $x = \dfrac{5 \pm \sqrt{21}}{2}$

→ 각 항의 계수가 중앙항을 기준으로 좌우 대칭인 방정식을 **상반방정식** 또는 **역수방정식**이라 한다.

첫째, 양변을 x^2으로 나눈다.

둘째, $x + \dfrac{1}{x} = t$로 치환하여 방정식을 만들어 푼다.

> **체크** 홀수차 상반방정식은 반드시 $x+1$을 인수로 갖는다.

강의 **상반방정식(역수방정식)**

→ 계수가 좌우 대칭인 방정식이다!

첫째, 양변을 x^2으로 나눈다.

둘째, $x + \dfrac{1}{x} = t$ (치환 → 환원)

주의 홀수차 상반방정식은 반드시 $x+1$을 인수로 갖는다.

보기 홀수차 상반방정식의 풀이

$$3x^5 - 2x^4 - x^3 - x^2 - 2x + 3 = 0 \qquad \cdots\cdots ①$$

①에 $x = -1$을 대입하면 등식이 성립하므로 좌변은 $x+1$을 인수로 가진다.

$$(x+1)(3x^4 - 5x^3 + 4x^2 - 5x + 3) = 0$$

$$x = -1 \ \text{또는} \ 3x^4 - 5x^3 + 4x^2 - 5x + 3 = 0$$

짝수차 상반방정식을 풀고 해를 구한다.

MEMO

방정식 $x^4 + 2x^3 - 13x^2 + 2x + 1 = 0$을 푸시오.

탐구 짝수차 상반방정식 → x^2으로 각 항을 나눈 후 $x + \dfrac{1}{x} = t$로 치환하여 푼다.

풀이

1st 준식의 양변을 x^2으로 나누고 정리하면

$$x^2 + 2x - 13 + \frac{2}{x} + \frac{1}{x^2} = 0 \qquad x^2 + \frac{1}{x^2} + 2\left(x + \frac{1}{x}\right) - 13 = 0$$

$$\left(x + \frac{1}{x}\right)^2 - 2 + 2\left(x + \frac{1}{x}\right) - 13 = 0$$

$$\left(x + \frac{1}{x}\right)^2 + 2\left(x + \frac{1}{x}\right) - 15 = 0$$

2nd $x + \dfrac{1}{x} = t$로 치환하고 인수분해하면

$$t^2 + 2t - 15 = 0 \quad (t+5)(t-3) = 0 \quad \therefore t = -5, \ t = 3$$

3rd $t = x + \dfrac{1}{x}$로 환원하여 해를 구하면

i) $x + \dfrac{1}{x} = -5$에서 $x^2 + 5x + 1 = 0$ $\quad \therefore x = \dfrac{-5 \pm \sqrt{21}}{2}$

ii) $x + \dfrac{1}{x} = 3$에서 $x^2 - 3x + 1 = 0$ $\quad \therefore x = \dfrac{3 \pm \sqrt{5}}{2}$

4th i), ii)에서 해를 구하면

$$x = \frac{-5 \pm \sqrt{21}}{2} \ \text{또는} \ x = \frac{3 \pm \sqrt{5}}{2}$$

정답 $\quad x = \dfrac{-5 \pm \sqrt{21}}{2}$ 또는 $x = \dfrac{3 \pm \sqrt{5}}{2}$

MEMO

6 근이 주어진 고차방정식

→ 근이 주어지면 식에 대입하여 미지수를 구한다.

근이 주어진 삼차·사차방정식

→ **근을 방정식에 대입한다!**

첫째, 주어진 근을 식에 대입 → 미정계수를 구한다.

둘째, 인수 정리 이용 인수분해 → 나머지 근을 구한다.

기 | 본 | 예 | 제 **07**

삼차방정식 $x^3 - 2ax^2 + (3b+2)x - 2b = 0$의 두 근이 2, 3일 때, 나머지 한 근을 구하시오.

탐구 한 근 α가 주어지면 식에 대입하여 미지수를 구한다.

풀이 (1st) 삼차방정식의 두 근이 2, 3이므로 식에 대입하면

  i) $x = 2$일 때, $8 - 8a + 6b + 4 - 2b = 0$ $-8a + 4b = -12$

    ∴ $2a - b = 3$ ……①

  ii) $x = 3$일 때, $27 - 18a + 9b + 6 - 2b = 0$ $-18a + 7b = -33$

    ∴ $18a - 7b = 33$ ……②

(2nd) ①, ②를 연립하여 a, b를 구하면

  $a = 3$, $b = 3$

  ∴ $x^3 - 6x^2 + 11x - 6 = 0$

(3rd) $f(x) = x^3 - 6x^2 + 11x - 6$이라 하면 $f(2) = 0$, $f(3) = 0$이므로 조립제법으로
인수분해하면

```
2 | 1   -6    11   -6
  |      2    -8    6
3 | 1   -4     3 |  0
  |      3    -3
    1   -1 |   0
```

  ∴ $(x-2)(x-3)(x-1) = 0$

  따라서 나머지 한 근은 $x = 1$이다.

정답 $x = 1$

근의 조건이 주어진 삼차방정식

→ 인수 정리를 이용하여 (일차식)×(이차식)＝0의 꼴로 인수분해한 후 주어진 조건에 맞게 이차식의 판별식을 이용한다.

강의 **근의 조건이 주어진 삼차방정식**

→ 인수분해하여 판별식 D를 이용한다!

첫째, 인수 정리 이용 인수분해 → (일차식)×(이차식)＝0의 꼴로 정리한다.

둘째, 근의 조건에 맞는 판별식 사용 → 계수 k의 값 또는 범위를 구한다.

기|본|예|제 08

삼차방정식 $x^3-(2k+1)x^2+(3k+1)x-k-1=0$이 중근을 갖도록 하는 모든 실수 k의 값의 합을 구하시오.

탐구 인수 정리를 이용하여 인수분해한 후 조건에 맞게 판별식을 이용한다.

풀이 ⓵ $f(x)=x^3-(2k+1)x^2+(3k+1)x-k-1$이라 하고 인수 정리를 이용하면

$$f(1)=1-(2k+1)+3k+1-k-1=0$$

⓶ 조립제법을 이용하여 $f(x)$를 인수분해하면

1 │	1	$-2k-1$	$3k+1$	$-k-1$
		1	$-2k$	$k+1$
	1	$-2k$	$k+1$	0

$$\therefore f(x)=(x-1)(x^2-2kx+k+1)$$

⓷ $f(x)=0$이 중근을 가지려면 $x^2-2kx+k+1=0$이 중근을 가지거나 $x=1$을 근으로 가져야 하므로

i) 중근을 갖는 경우

$$D/4=k^2-k-1=0 \quad \therefore \text{(실수 } k \text{의 값의 합)}=1$$

ii) $x=1$을 근으로 갖는 경우

$$1-2k+k+1=0 \quad \therefore k=2$$

⓸ i), ii)에 의해 모든 실수 k의 값의 합을 구하면

$$1+2=3$$

정답 3

첫째, 주어진 설명에 맞춰 미지수 x를 설정하고 방정식을 세운 후 해를 구한다.

둘째, 구한 해 중 조건에 맞는 해를 선택한다.

강의 고차방정식의 응용문제

→ 미지수를 정하여 방정식을 세운다!

첫째, 주어진 조건에 맞게 미지수 x를 설정한다.

둘째, 설정된 미지수 x를 사용하여 방정식을 세운다.

셋째, 방정식을 풀어 미지수 x를 구한다.

넷째, 구한 x의 값 중 조건에 맞는 x를 선택한다.

기|본|예|제 09

어떤 정육면체의 가로의 길이는 $2\,cm$, 세로의 길이는 $1\,cm$를 줄이고 높이는 $1\,cm$를 늘렸더니 부피가 $72\,cm^3$인 직육면체가 되었다면 처음 정육면체의 한 모서리의 길이를 구하시오.

탐구 정육면체의 한 모서리의 길이를 x로 놓고 식을 세운다.

풀이 **1st** 처음 정육면체의 한 모서리의 길이를 x로 놓고 직육면체의 부피를 구하는 식을 세우면

$$(x-2)(x-1)(x+1)=72$$

$$x^3-2x^2-x-70=0$$

2nd $f(x)=x^3-2x^2-x-70$이라 놓으면 $f(5)=0$이므로 조립제법을 이용하여 인수분해하면

$$\begin{array}{r|rrrr} 5 & 1 & -2 & -1 & -70 \\ & & 5 & 15 & 70 \\ \hline & 1 & 3 & 14 & 0 \end{array}$$

$$f(x)=(x-5)(x^2+3x+14)=0$$

$$\therefore x=5 \ \text{또는} \ x^2+3x+14=0$$

3rd $x^2+3x+14=0$의 판별식 $D=9-56=-47<0$이므로

$x^2+3x+14=0$은 실근이 존재하지 않는다.

따라서 처음 정육면체의 한 모서리의 길이는 $5\,cm$이다.

✓ 정답 $5\,cm$

---

02 삼차방정식의 근과 계수

1 삼차방정식의 근과 계수의 관계

→ $ax^3 + bx^2 + cx + d = 0 \ (a \neq 0)$의 세 근을 α, β, γ라 하면

(1) $\alpha + \beta + \gamma = -\dfrac{b}{a}$

(2) $\alpha\beta + \beta\gamma + \gamma\alpha = \dfrac{c}{a}$

(3) $\alpha\beta\gamma = -\dfrac{d}{a}$

강의 삼차방정식의 근과 계수의 관계

→ 세 근이 주어질 때 사용한다! (100%)

→ $ax^3 + bx^2 + cx + d = 0$ → 3근(100%) → ①②③ 이용

① $\alpha + \beta + \gamma = -\dfrac{b}{a}$　　　② $\alpha\beta + \beta\gamma + \gamma\alpha = \dfrac{c}{a}$　　　③ $\alpha\beta\gamma = -\dfrac{d}{a}$

주의 세 근이 주어지면 100% 근과 계수의 관계를 이용하여 문제를 푼다!

기|본|예|제 10

삼차방정식 $x^3 + 2x^2 - 3x - 5 = 0$의 세 근을 α, β, γ라 할 때, 다음 식의 값을 구하시오.

(1) $\alpha^2 + \beta^2 + \gamma^2$ 　　　　(2) $\dfrac{1}{\alpha} + \dfrac{1}{\beta} + \dfrac{1}{\gamma}$ 　　　　(3) $\alpha^3 + \beta^3 + \gamma^3$

탐구　세 근 α, β, γ → $\alpha + \beta + \gamma = -\dfrac{b}{a}$, $\alpha\beta + \beta\gamma + \gamma\alpha = \dfrac{c}{a}$, $\alpha\beta\gamma = -\dfrac{d}{a}$ 이용 (100%)

풀이　**1st** 근과 계수의 관계에 의해

$\alpha + \beta + \gamma = -2$, $\alpha\beta + \beta\gamma + \gamma\alpha = -3$, $\alpha\beta\gamma = 5$

2nd 식을 변형하여 식의 값을 구하면

(1) $\alpha^2 + \beta^2 + \gamma^2 = (\alpha + \beta + \gamma)^2 - 2(\alpha\beta + \beta\gamma + \gamma\alpha) = (-2)^2 - 2 \times (-3) = 10$

(2) $\dfrac{1}{\alpha} + \dfrac{1}{\beta} + \dfrac{1}{\gamma} = \dfrac{\alpha\beta + \beta\gamma + \gamma\alpha}{\alpha\beta\gamma} = -\dfrac{3}{5}$

(3) $\alpha^3 + \beta^3 + \gamma^3 = (\alpha + \beta + \gamma)(\alpha^2 + \beta^2 + \gamma^2 - \alpha\beta - \beta\gamma - \gamma\alpha) + 3\alpha\beta\gamma$

　　　　　　　　$= (-2) \times \{10 - (-3)\} + 3 \times 5 = -11$

정답　(1) 10　　(2) $-\dfrac{3}{5}$　　(3) -11

삼차방정식의 켤레근

→ 유리수 계수, 실수 계수 조건을 꼭 확인하라! (100%)

① 유리수 계수 방정식 → $a+b\sqrt{3}$ (근) → 켤레근 $a-b\sqrt{3}$ (근)

② 실수 계수 방정식 → $a+bi$ (근) → 켤레근 $a-bi$ (근)

기|본|예|제 11

다음을 구하시오.

(1) 삼차방정식 $x^3+ax-b=0$의 한 근이 $1+\sqrt{2}$일 때, 유리수 a, b에 대하여 $a+b$의 값을 구하시오.

(2) 삼차방정식 $x^3+ax^2+bx-3=0$의 한 근이 $1+\sqrt{2}\,i$일 때, 두 실수 a, b의 값을 구하시오.

탐구

① 유리수 계수 방정식의 한 근이 $a+b\sqrt{2}$이면 $a-b\sqrt{2}$를 근으로 갖는다.

② 실수 계수 방정식의 한 근이 $a+bi$이면 $a-bi$를 근으로 갖는다.

풀이

(1) **1st** 계수가 유리수이고 한 근이 $1+\sqrt{2}$이므로

$1-\sqrt{2}$도 이 방정식의 근이다.

2nd 세 근을 $1+\sqrt{2}$, $1-\sqrt{2}$, α라 놓고 근과 계수의 관계를 이용하면

ⅰ) $1+\sqrt{2}+1-\sqrt{2}+\alpha=0$ ∴ $\alpha=-2$

ⅱ) $(1+\sqrt{2})(1-\sqrt{2})+\alpha(1-\sqrt{2})+\alpha(1+\sqrt{2})=a$

∴ $2\alpha-1=a$ ······ ①

ⅲ) $(1+\sqrt{2})(1-\sqrt{2})\alpha=b$ ∴ $-\alpha=b$ ······ ②

3rd $\alpha=-2$을 ①, ②에 대입하여 a, b의 값을 구하면

$a=-5$, $b=2$

4th $a+b$의 값을 구하면

$a+b=-5+2=-3$

(2) **1st** 계수가 실수이고 한 근이 $1+\sqrt{2}\,i$이므로

$1-\sqrt{2}\,i$도 이 방정식의 근이다.

2nd 세 근을 $1+\sqrt{2}\,i$, $1-\sqrt{2}\,i$, α라 놓고 근과 계수의 관계를 이용하면

ⅰ) $1+\sqrt{2}\,i+1-\sqrt{2}\,i+\alpha=-a$ ∴ $2+\alpha=-a$ ······ ①

ⅱ) $(1+\sqrt{2}\,i)(1-\sqrt{2}\,i)+\alpha(1+\sqrt{2}\,i)+\alpha(1-\sqrt{2}\,i)=b$

∴ $3+2\alpha=b$ ······ ②

ⅲ) $(1+\sqrt{2}\,i)(1-\sqrt{2}\,i)\alpha=3$ ∴ $\alpha=1$

3rd $\alpha=1$을 ①, ②에 대입하여 a, b의 값을 구하면

$a=-3$, $b=5$

정답 (1) -3 (2) $a=-3$, $b=5$

→ α, β, γ를 세 근으로 하는 삼차방정식을 구하면

(1) $(x-\alpha)(x-\beta)(x-\gamma)=0$

  → $\alpha=\beta$일 때, $(x-\alpha)^2(x-\gamma)=0$

(2) $x^3-(\alpha+\beta+\gamma)x^2+(\alpha\beta+\beta\gamma+\gamma\alpha)x-\alpha\beta\gamma=0$

강의 **삼차방정식을 세우는 방법**

  → **근의 종류에 따라 달라진다!**

  ① $a(x-\alpha)(x-\beta)(x-\gamma)=0$꼴

  ② $a(x-\alpha)^2(x-\beta)=0$꼴

  ③ $a(x-\alpha)^3=0$꼴

기|본|예|제 12

삼차방정식 $x^3+3x+2=0$의 세 근을 α, β, γ라 할 때, $\alpha+\beta$, $\beta+\gamma$, $\gamma+\alpha$를 세 근으로 하는 삼차방정식을 구하시오. (단, 최고차항의 계수는 1이다.)

탐구 세 근 A, B, C → 삼차방정식은 $x^3-(A+B+C)x^2+(AB+BC+CA)x-ABC=0$

풀이 **(1st)** 삼차방정식의 근과 계수의 관계를 이용하면

  $\alpha+\beta+\gamma=0$, $\alpha\beta+\beta\gamma+\gamma\alpha=3$, $\alpha\beta\gamma=-2$

(2nd) $\alpha+\beta+\gamma=0$을 변형하면

  $\alpha+\beta=-\gamma$, $\beta+\gamma=-\alpha$, $\gamma+\alpha=-\beta$

  따라서 구하는 삼차방정식의 세 근은 $-\alpha$, $-\beta$, $-\gamma$이다.

(3rd) 구하는 삼차방정식을 $x^3+ax^2+bx+c=0$이라 하고 근과 계수의 관계를 이용하면

  i) $(-\alpha)+(-\beta)+(-\gamma)=-(\alpha+\beta+\gamma)=0=-a$

    ∴ $a=0$

  ii) $(-\alpha)\times(-\beta)+(-\beta)\times(-\gamma)+(-\gamma)\times(-\alpha)=\alpha\beta+\beta\gamma+\gamma\alpha=3=b$

    ∴ $b=3$

  iii) $(-\alpha)(-\beta)(-\gamma)=-\alpha\beta\gamma=2=-c$

    ∴ $c=-2$

(4th) i), ii), iii)에 의해 삼차방정식을 구하면

  $x^3-0\times x^2+3x-2=0$

  ∴ $x^3+3x-2=0$

정답 $x^3+3x-2=0$

---

03 1의 세제곱근과 −1의 세제곱근

1 1의 세제곱근

[1] 1의 세제곱근

➜ 세제곱하여 1이 되는 수를 **1의 세제곱근**이라 한다.

➜ $x^3 = 1$ $x^3 - 1 = 0$

➜ $(x-1)(x^2+x+1) = 0$

(1) $x - 1 = 0$에서 실근 $x = 1$

(2) $x^2 + x + 1 = 0$에서 허근 $x = \dfrac{-1 \pm \sqrt{3}\,i}{2}$

[2] $\omega = \dfrac{-1 \pm \sqrt{3}\,i}{2}$의 정체

(1) ω는 $x^3 = 1$의 허근이므로 $\omega^3 = 1$이다.

(2) ω는 $x^2 + x + 1 = 0$의 근이므로 $\omega^2 + \omega + 1 = 0$이다.

[3] $\omega = \dfrac{-1 \pm \sqrt{3}\,i}{2}$의 성질

(1) $\omega = \dfrac{-1 + \sqrt{3}\,i}{2}$라 하면 $\omega^2 = \dfrac{-1 - \sqrt{3}\,i}{2} = \overline{\omega}$이다.

(2) $\omega = \dfrac{-1 + \sqrt{3}\,i}{2}$라 하면 $\dfrac{1}{\omega} = \dfrac{-1 - \sqrt{3}\,i}{2} = \overline{\omega}$이다.

(3) $\omega = \dfrac{-1 + \sqrt{3}\,i}{2}$라 하면 $\omega + \overline{\omega} = \omega + \omega^2 = \omega + \dfrac{1}{\omega} = -1$이다.

(4) $\omega = \dfrac{-1 + \sqrt{3}\,i}{2}$라 하면 $\omega\overline{\omega} = \omega\omega^2 = \omega \times \dfrac{1}{\omega} = 1$이다.

(5) $\omega = \dfrac{-1 + \sqrt{3}\,i}{2}$라 하면 $x^3 = 1$의 세 근은 $1, \omega, \omega^2$이다.

(6) $\omega = \dfrac{-1 + \sqrt{3}\,i}{2}$라 하면 $x^3 = a^3$의 세 근은 $a, a\omega, a\omega^2$이다.

[4] $\omega = \dfrac{-1 \pm \sqrt{3}\,i}{2}$의 주기

➜ $\omega = \dfrac{-1 \pm \sqrt{3}\,i}{2}$는 3주기 변화한다.

(1) $\omega^{3n+0} = \omega^0 = 1$

(2) $\omega^{3n+1} = \omega^1 = \omega$

(3) $\omega^{3n+2} = \omega^2$

강의 **1의 세제곱근 x**

→ 그 중에서 허근 ω에 주목하라!

→ $x^3 = 1$　$x^3 - 1 = 0$　$(x-1)(x^2 + x + 1) = 0$

→ $x - 1 = 0$, $x^2 + x + 1 = 0$

→ 실근 $x = 1$, 허근 $x = \dfrac{-1 \pm \sqrt{3}\,i}{2} = \omega$

강의 **$x^3 = a^3$의 세 근**

→ 1의 세제곱근을 이용하여 구한다!

→ $x^3 = 1^3$의 3근 → 1, ω, ω^2

→ $x^3 = a^3$의 3근 → $a \times 1$, $a\omega$, $a\omega^2$

보기 $x^3 = 2^3$의 3근

→ 2×1, $2 \times \dfrac{-1 + \sqrt{3}\,i}{2}$, $2 \times \dfrac{-1 - \sqrt{3}\,i}{2}$

→ 2, $-1 + \sqrt{3}\,i$, $-1 - \sqrt{3}\,i$

기|본|예|제 13

$\dfrac{-1 - \sqrt{3}\,i}{2}$ 를 ω라 할 때, $x^3 = 27$의 세 근을 ω를 이용하여 나타내시오.

탐구 $x^3 = a^3$의 세 근 → $a \times 1$, $a \times \dfrac{-1 + \sqrt{3}\,i}{2}$, $a \times \dfrac{-1 - \sqrt{3}\,i}{2}$

풀이 **1st** $x^3 - 3^3 = 0$의 근을 구하면

$(x-3)(x^2 + 3x + 9) = 0$

$\therefore\ x = 3$ 또는 $x = \dfrac{-3 \pm 3\sqrt{3}\,i}{2} = 3 \times \left(\dfrac{-1 \pm \sqrt{3}\,i}{2} \right)$

2nd $\omega = \dfrac{-1 - \sqrt{3}\,i}{2}$ 이면 $\dfrac{-1 + \sqrt{3}\,i}{2} = \omega^2$ 이므로 세 근을 ω를 이용하여 나타내면

$x = 3$ 또는 $x = 3\omega$ 또는 $x = 3\omega^2$

정답 $x = 3$ 또는 $x = 3\omega$ 또는 $x = 3\omega^2$

강의 **ω문제**

→ **3가지 유형으로 출계된다!**

① $x^3 = 1$의 허근 → ω

② $x^2 + x + 1 = 0$의 근 → ω

③ $x = \dfrac{-1 \pm \sqrt{3}\,i}{2}$ → ω

강의 **i와 ω의 주기성**

→ **i는 4주기, ω는 3주기 변화한다!**

① i의 4주기 변화

→ $i^0 = 1,\ i^1 = i,\ i^2 = -1,\ i^3 = -i,\ i^4 = 1,\ \cdots$

→ $i^{4n+r} = i^r$이용

② ω의 3주기 변화

→ $\omega^0 = 1,\ \omega^1 = \omega,\ \omega^2 = \overline{\omega},\ \omega^3 = 1,\ \cdots$

→ $\omega^{3n+r} = \omega^r$이용

보기 ① $i^{2025} = i^{4 \times 506 + 1} = i$ ② $\omega^{2025} = \omega^{3 \times 675} = \omega^0 = 1$

기|본|예|제 14

$\left(\dfrac{-1 + \sqrt{3}\,i}{2}\right)^{101} + \left(\dfrac{-1 + \sqrt{3}\,i}{2}\right)^{100} + 1$의 값을 구하시오.

탐구 $x^3 = 1$의 허근 → $x^2 + x + 1 = 0$의 근 → $\dfrac{-1 \pm \sqrt{3}\,i}{2} = \omega$

풀이 **1st** $\dfrac{-1 + \sqrt{3}\,i}{2}$는 $x^3 = 1$의 한 허근이므로 $\dfrac{-1 + \sqrt{3}\,i}{2} = \omega$라 하면

$\omega^3 = 1,\ \omega^2 + \omega + 1 = 0$

2nd 준식의 값을 구하면

$\begin{aligned}
(\text{준식}) &= \omega^{101} + \omega^{100} + 1 \\
&= (\omega^3)^{33} \times \omega^2 + (\omega^3)^{33} \times \omega + 1 \\
&= \omega^2 + \omega + 1 = 0
\end{aligned}$

정답 0

방정식 $x^2+x+1=0$의 한 근 $\dfrac{-1+\sqrt{3}\,i}{2}=\omega$라 할 때, 다음 식의 값을 구하시오.

$$\omega^{2024}+\omega^{2025}+\omega^{2026}+\omega^{2027}+\omega^{2028}+\omega^{2029}+\omega^{2030}$$

탐구 ω는 3주기 변화하므로 3개가 연속되면 0이 된다.

$\rightarrow \omega^n+\omega^{n+1}+\omega^{n+2}=0$ (단, n은 자연수)

풀이 **(1st)** $x^2+x+1=0$의 한 근이 ω이므로

$$\omega^2+\omega+1=0 \qquad \cdots\cdots ①$$

(2nd) ①의 양변에 $\omega-1$을 곱하면

$$\omega^3-1=0 \qquad \therefore\ \omega^3=1 \quad \cdots\cdots ②$$

(3rd) ω는 3주기 변화하므로 3개가 연속되면 0이 됨을 이용하여 준식을 간단히 하면

$$(준식)=(\omega^{2024}+\omega^{2025}+\omega^{2026})+(\omega^{2027}+\omega^{2028}+\omega^{2029})+\omega^{2030}=\omega^{2030}$$

(4th) ②를 이용하여 준식의 값을 구하면

$$(준식)=(\omega^3)^{676}\times\omega^2=\omega^2$$

$$=\left(\dfrac{-1+\sqrt{3}\,i}{2}\right)^2=\dfrac{1-2\sqrt{3}\,i-3}{4}$$

$$=\dfrac{-2-2\sqrt{3}\,i}{4}=\dfrac{-1-\sqrt{3}\,i}{2}$$

✔ 정답 $\dfrac{-1-\sqrt{3}\,i}{2}$

강의 ω 해법

→ 공식으로 사용되니 꼭 암기해두어야 한다!

→ $\omega=\dfrac{-1+\sqrt{3}\,i}{2}$, $\overline{\omega}=\dfrac{-1-\sqrt{3}\,i}{2}$라 할 때,

① $\omega^3=1$, $\omega^2+\omega+1=0$

② $\dfrac{1}{\omega}=\overline{\omega}$, $\dfrac{1}{\overline{\omega}}=\omega$

③ $\omega^2=\overline{\omega}$, $\overline{\omega}^2=\omega$

④ $\omega+\omega^2=\omega+\dfrac{1}{\omega}=\omega+\overline{\omega}=-1$

⑤ $\omega\times\omega^2=\omega\times\dfrac{1}{\omega}=\omega\times\overline{\omega}=1$

방정식 $x^3 = 1$의 한 허근을 ω라 하고 $z = \dfrac{\omega + 1}{2\omega + 1}$이라 할 때, $z\bar{z}$의 값을 구하시오.

(단, $\bar{z}$는 z의 켤레복소수)

탐구 $x^3 = 1$의 한 허근을 ω라 하면 $\omega + \bar{\omega} = -1$, $\omega\bar{\omega} = 1$이다.

풀이 **1st** $x^3 = 1$에서 $x^3 - 1 = 0$ $(x-1)(x^2 + x + 1) = 0$이므로

한 허근 ω는 $x^2 + x + 1 = 0$의 근이고 다른 한 근은 $\bar{\omega}$이다.

2nd 근과 계수의 관계에 의해

$$\omega + \bar{\omega} = -1, \ \omega\bar{\omega} = 1 \qquad \cdots\cdots ①$$

3rd ①을 이용하여 $z\bar{z}$의 값을 구하면

$$z\bar{z} = \frac{\omega+1}{2\omega+1} \times \frac{\bar{\omega}+1}{2\bar{\omega}+1} = \frac{\omega\bar{\omega}+\omega+\bar{\omega}+1}{4\omega\bar{\omega}+2(\omega+\bar{\omega})+1} = \frac{1-1+1}{4-2+1} = \frac{1}{3}$$

✔ 정답 $\dfrac{1}{3}$

방정식 $x^2 + x + 1 = 0$의 한 근을 ω라 할 때, 다음 식의 값을 구하시오.

(1) $\omega^5 + \dfrac{1}{\omega^5}$ 　　　　　　　　　　　　(2) $\omega^{100} + \dfrac{1}{\omega^{100}}$

탐구 $x^2 + x + 1 = 0$의 한 근을 ω라 하면 $\omega^3 = 1$, $\omega + \dfrac{1}{\omega} = -1$임을 이용한다.

풀이 **1st** $x^2 + x + 1 = 0$의 한 근이 ω이므로

$$\omega^2 + \omega + 1 = 0 \qquad \cdots\cdots ①$$

2nd ①의 양변에 $\omega - 1$을 곱하고 정리하면

$$(\omega - 1)(\omega^2 + \omega + 1) = 0 \quad \therefore \ \omega^3 = 1 \qquad \cdots\cdots ②$$

3rd ①의 양변을 ω로 나누고 정리하면

$$\omega + 1 + \frac{1}{\omega} = 0 \qquad \therefore \ \omega + \frac{1}{\omega} = -1 \qquad \cdots\cdots ③$$

4th ②, ③을 이용하여 준식의 값을 구하면

(1) (준식) $= \omega^3 \times \omega^2 + \dfrac{1}{\omega^3 \times \omega^2} = \omega^2 + \dfrac{1}{\omega^2} = \left(\omega + \dfrac{1}{\omega}\right)^2 - 2 = -1$

(2) (준식) $= (\omega^3)^{33} \times \omega + \dfrac{1}{(\omega^3)^{33} \times \omega} = \omega + \dfrac{1}{\omega} = -1$

✔ 정답 (1) -1 　　　　(2) -1

2 −1의 세제곱근

[1] −1의 세제곱근

→ 세제곱하여 −1이 되는 수를 **−1의 세제곱근**이라 한다.

→ $x^3 = -1$

→ $x^3 + 1 = 0$

→ $(x+1)(x^2-x+1) = 0$

(1) $x+1 = 0$에서 실근 $x = -1$

(2) $x^2 - x + 1 = 0$에서 허근 $x = \dfrac{1 \pm \sqrt{3}\,i}{2}$

[2] $\omega = \dfrac{1 \pm \sqrt{3}\,i}{2}$의 정체

(1) ω는 $x^3 = -1$의 허근이므로 $\omega^3 = -1$이다.

(2) ω는 $x^2 - x + 1 = 0$의 근이므로 $\omega^2 - \omega + 1 = 0$이다.

[3] $\omega = \dfrac{1 \pm \sqrt{3}\,i}{2}$의 성질

(1) $\omega = \dfrac{1+\sqrt{3}\,i}{2}$라 하면 $\omega^2 = -\dfrac{1-\sqrt{3}\,i}{2} = -\overline{\omega}$이다.

(2) $\omega = \dfrac{1+\sqrt{3}\,i}{2}$라 하면 $\dfrac{1}{\omega} = \dfrac{1-\sqrt{3}\,i}{2} = \overline{\omega}$이다.

(3) $\omega = \dfrac{1+\sqrt{3}\,i}{2}$라 하면 $\omega + \overline{\omega} = \omega + (-\omega^2) = \omega + \dfrac{1}{\omega} = 1$이다.

(4) $\omega = \dfrac{1+\sqrt{3}\,i}{2}$라 하면 $\omega\overline{\omega} = \omega(-\omega^2) = \omega \times \dfrac{1}{\omega} = 1$이다.

(5) $\omega = \dfrac{1+\sqrt{3}\,i}{2}$라 하면 $x^3 = -1$의 세 근은 $-1,\ \omega,\ -\omega^2$이다.

(6) $\omega = \dfrac{1+\sqrt{3}\,i}{2}$라 하면 $x^3 = -a^3$의 세 근은 $-a,\ a\omega,\ -a\omega^2$이다.

[4] $\omega = \dfrac{1 \pm \sqrt{3}\,i}{2}$의 주기

→ $\omega = \dfrac{1 \pm \sqrt{3}\,i}{2}$는 6주기 변화한다.

(1) $\omega^{6n+0} = \omega^0 = 1$

(2) $\omega^{6n+1} = \omega^1 = \omega$

(3) $\omega^{6n+2} = \omega^2$

(4) $\omega^{6n+3} = \omega^3 = -1$

(5) $\omega^{6n+4} = \omega^4 = \omega^3 \times \omega^1 = -\omega$

(6) $\omega^{6n+5} = \omega^5 = \omega^3 \times \omega^2 = -\omega^2$

강의 $x^3 = 1$의 허근과 $x^3 = -1$의 허근

→ 그 차이점을 꼭 알아두어야 한다!

→ 진짜 $\omega = \dfrac{-1 \pm \sqrt{3}\,i}{2}$ 와 가짜 $\omega = \dfrac{1 \pm \sqrt{3}\,i}{2}$

① 진짜 ω는 $\omega + \overline{\omega} = \omega + \omega^2 = \omega + \dfrac{1}{\omega} = -1$

　→ 가짜 ω는 $\omega + \overline{\omega} = \omega + (-\omega^2) = \omega + \dfrac{1}{\omega} = 1$

② 진짜 ω는 $\omega\overline{\omega} = \omega \times \omega^2 = \omega \times \dfrac{1}{\omega} = 1$

　→ 가짜 ω는 $\omega\overline{\omega} = \omega \times (-\omega^2) = \omega \times \dfrac{1}{\omega} = 1$

③ 진짜 ω는 3주기 변화한다.

　→ 가짜 ω는 6주기 변화한다.

주의 가짜 ω의 정체

　① $x^3 = -1$의 허근　　　② $x^2 - x + 1 = 0$의 근　　　③ $\dfrac{1 \pm \sqrt{3}\,i}{2}$

기|본|예|제 18

방정식 $x^2 - x + 1 = 0$의 한 근을 ω라 할 때, $\omega^5 + \dfrac{1}{\omega^5}$의 값을 구하시오.

탐구　$x^3 = -1$의 허근 → $x^2 - x + 1 = 0$의 근

① $\omega^3 = -1$, $\omega^2 - \omega + 1 = 0$　　　　② $\omega + \dfrac{1}{\omega} = 1$, $\omega \times \dfrac{1}{\omega} = 1$

풀이　**1st** 가짜 ω 문제이므로

　　$\omega^3 = -1$이고 $\omega^2 - \omega + 1 = 0$에서 $\omega + \dfrac{1}{\omega} = 1$이다.

　2nd 구한 값을 이용하여 준식의 값을 구하면

$$(준식) = \omega^3 \times \omega^2 + \dfrac{1}{\omega^3 \times \omega^2} = -\left(\omega^2 + \dfrac{1}{\omega^2}\right)$$

$$= -\left\{\left(\omega + \dfrac{1}{\omega}\right)^2 - 2\right\} = -(1 - 2) = 1$$

정답　1

반복 학습 기록란.

가장 좋은 학습 방법은 학교에서나 학원에서나 선생님의 강의를 열심히 듣고 여러 번 반복 학습하는 것입니다. 지금부터 당장 선생님의 강의를 열심히 듣고 반복! 반복하십시오. 그러면 곧 모든 과목에 자신이 생길 것입니다.

회수	시작이 반!			끝을 봐야!			확인
제1회	년	월	일부터	년	월	일까지	
제2회	년	월	일부터	년	월	일까지	
제3회	년	월	일부터	년	월	일까지	
제4회	년	월	일부터	년	월	일까지	
제5회	년	월	일부터	년	월	일까지	
제6회	년	월	일부터	년	월	일까지	
제7회	년	월	일부터	년	월	일까지	
제8회	년	월	일부터	년	월	일까지	
제9회	년	월	일부터	년	월	일까지	
제10회	년	월	일부터	년	월	일까지	

단원 점검문제

▶ 아무런 도움 없이 스스로 연습장에 풀어 단원에 대한 성취도를 평가하고 미흡한 점이 있으면 배운 부분을 다시 반복 학습하도록 하자.

01 다음 방정식을 푸시오.

(1) $x^3 + 1 = 0$

(2) $x^3 = 8$

02 다음 방정식을 푸시오.

(1) $x^4 = 16$

(2) $2x^4 - 162 = 0$

03 다음 방정식을 푸시오.

$$x^4 + x^3 - x^2 - 7x - 6 = 0$$

04 다음 방정식을 푸시오.

(1) $(x^2 + x)^2 - 8(x^2 + x) + 12 = 0$

(2) $(x+1)(x+2)(x+3)(x+4) = 24$

05 다음 방정식을 푸시오.

(1) $x^4 - 2x^2 - 3 = 0$

(2) $x^4 - 23x^2 + 1 = 0$

06 방정식 $x^4 + 2x^3 - 13x^2 + 2x + 1 = 0$을 푸시오.

07 삼차방정식 $x^3 - 2ax^2 + (3b+2)x - 2b = 0$의 두 근이 2, 3일 때, 나머지 한 근을 구하시오.

08 삼차방정식 $x^3 - (2k+1)x^2 + (3k+1)x - k - 1 = 0$이 중근을 갖도록 하는 모든 실수 k의 값의 합을 구하시오.

09 어떤 정육면체의 가로의 길이는 2 cm, 세로의 길이는 1 cm를 줄이고 높이는 1 cm를 늘렸더니 부피가 72 cm^{3}인 직육면체가 되었다면 처음 정육면체의 한 모서리의 길이를 구하시오.

10 삼차방정식 $x^3 + 2x^2 - 3x - 5 = 0$의 세 근을 α, β, γ라 할 때, 다음 식의 값을 구하시오.

    (1) $\alpha^2 + \beta^2 + \gamma^2$ (2) $\dfrac{1}{\alpha} + \dfrac{1}{\beta} + \dfrac{1}{\gamma}$ (3) $\alpha^3 + \beta^3 + \gamma^3$

11 다음을 구하시오.

    (1) 삼차방정식 $x^3 + ax - b = 0$의 한 근이 $1 + \sqrt{2}$일 때, 유리수 a, b에 대하여 $a + b$의 값을 구하시오.

    (2) 삼차방정식 $x^3 + ax^2 + bx - 3 = 0$의 한 근이 $1 + \sqrt{2}\,i$일 때, 두 실수 a, b의 값을 구하시오.

12 삼차방정식 $x^3 + 3x + 2 = 0$의 세 근을 α, β, γ라 할 때, $\alpha + \beta$, $\beta + \gamma$, $\gamma + \alpha$를 세 근으로 하는 삼차방정식을 구하시오. (단, 최고차항의 계수는 1이다.)

13 $\dfrac{-1-\sqrt{3}\,i}{2}$ 를 ω라 할 때, $x^3 = 27$의 세 근을 ω를 이용하여 나타내시오.

14 $\left(\dfrac{-1+\sqrt{3}\,i}{2}\right)^{101} + \left(\dfrac{-1+\sqrt{3}\,i}{2}\right)^{100} + 1$의 값을 구하시오.

15   방정식 $x^2 + x + 1 = 0$의 한 근 $\dfrac{-1+\sqrt{3}\,i}{2} = \omega$라 할 때, 다음 식의 값을 구하시오.

$$\omega^{2024} + \omega^{2025} + \omega^{2026} + \omega^{2027} + \omega^{2028} + \omega^{2029} + \omega^{2030}$$

16   방정식 $x^3 = 1$의 한 허근을 ω라 하고 $z = \dfrac{\omega + 1}{2\omega + 1}$이라 할 때, $z\bar{z}$의 값을 구하시오.

(단, $\bar{z}$는 z의 켤레복소수)

17   방정식 $x^2 + x + 1 = 0$의 한 근을 ω라 할 때, 다음 식의 값을 구하시오.

(1) $\omega^5 + \dfrac{1}{\omega^5}$ (2) $\omega^{100} + \dfrac{1}{\omega^{100}}$

18   방정식 $x^2 - x + 1 = 0$의 한 근을 ω라 할 때, $\omega^5 + \dfrac{1}{\omega^5}$의 값을 구하시오.

IV.
여러 가지 방정식

P A R T

02

연립방정식

1 미지수가 2개인 연립이차방정식
2 부정방정식
◆ 반복 학습 기록란
◆ 단원 점검문제

명언

행복의 문이 하나 닫히면 다른 문이 열린다.
그러나 우리는 종종 문을 멍하니 바라보다가 우리를 향해 열린 문을 보지 못하게 된다.
-헬렌 켈러-

01 미지수가 2개인 연립이차방정식

1 연립이차방정식의 해법

→ 일차식을 유도하여 이차식에 대입한다.

[1] 일차와 이차의 연립방정식

→ 일차식을 이차식에 대입한다.

[2] 이차와 이차의 연립방정식

→ 이차식에서 일차식을 유도하여 이차식에 대입한다.

[3] 일차식을 유도하는 방법

(1) 인수분해하여 일차식을 유도한다.

(2) 이차항을 소거하여 일차식을 유도한다.

(3) 상수항을 소거한 후 인수분해하여 일차식을 유도한다.

강의 **일차식과 이차식의 연립이차방정식의 해법**

→ 1차식을 2차식에 대입한다!

→ $\begin{bmatrix} 1차 \\ 2차 \end{bmatrix}$ ⟩ 1차식을 2차식에 대입

기|본|예|제 01

다음 연립방정식을 만족시키는 x, y에 대하여 $x+y$의 값을 구하시오.

$$\begin{cases} x^2 + 4xy + y^2 = -2 \\ x - y = 2 \end{cases}$$

탐구 일차식을 이차식에 대입한다.

풀이 **(1st)** $x = 2 + y$를 이차식에 대입하고 정리하면

$$(2+y)^2 + 4(2+y)y + y^2 = -2$$

$$4 + 4y + y^2 + 8y + 4y^2 + y^2 = -2$$

$$y^2 + 2y + 1 = 0 \qquad (y+1)^2 = 0 \qquad \therefore \ y = -1$$

(2nd) $y = -1$을 $x = 2 + y$에 대입하면

$$x = 1$$

(3rd) $x + y$의 값을 구하면

$$x + y = 1 + (-1) = 0$$

정답 0

이차식과 이차식의 연립이차방정식의 해법

→ 1차식을 만들어 2차식에 대입한다!

→ $\begin{bmatrix} 2차 \\ 2차 \end{bmatrix}$ $\rangle$ 1차식 유도 → ⅰ) 인수분해법

ⅱ) 소거법 $\Big\langle$ 2차항 소거 → 1차
상수항 소거 → 인수분해

기|본|예|제 02

연립방정식 $\begin{cases} x^2 + y^2 = 13 \\ x^2 - xy + y = 1 \end{cases}$ 을 푸시오.

탐구 인수분해로 일차식을 유도한다.

풀이

1st 각각의 방정식을 ①, ②라 하면

$$\begin{cases} x^2 + y^2 = 13 & \cdots\cdots ① \\ x^2 - xy + y = 1 & \cdots\cdots ② \end{cases}$$

2nd ②를 인수분해하면

$$x^2 - xy + y - 1 = 0$$
$$(x^2 - 1) - (xy - y) = 0$$
$$(x+1)(x-1) - y(x-1) = 0$$
$$(x-1)(x+1-y) = 0$$
$$\therefore \ x = 1, \ y = x + 1$$

3rd 인수분해하여 구한 식을 각각 ①에 대입하면

ⅰ) $x = 1$일 때

$$1 + y^2 = 13 \qquad y^2 = 12 \qquad \therefore \ y = \pm 2\sqrt{3}$$

ⅱ) $y = x + 1$일 때

$$x^2 + (x+1)^2 = 13 \qquad x^2 + x - 6 = 0 \qquad (x+3)(x-2) = 0$$
$$\therefore \ x = -3 \ 또는 \ x = 2$$

구한 x의 값을 $y = x + 1$에 대입하여 y의 값을 구하면

$$\therefore \ x = -3, \ y = -2 \ 또는 \ x = 2, \ y = 3$$

4th ⅰ), ⅱ)에 의해 해를 구하면

$$\begin{cases} x = 1 \\ y = 2\sqrt{3} \end{cases} 또는 \begin{cases} x = 1 \\ y = -2\sqrt{3} \end{cases} 또는 \begin{cases} x = -3 \\ y = -2 \end{cases} 또는 \begin{cases} x = 2 \\ y = 3 \end{cases}$$

✔ 정답 $\begin{cases} x = 1 \\ y = 2\sqrt{3} \end{cases} 또는 \begin{cases} x = 1 \\ y = -2\sqrt{3} \end{cases} 또는 \begin{cases} x = -3 \\ y = -2 \end{cases} 또는 \begin{cases} x = 2 \\ y = 3 \end{cases}$

2 특별한 꼴의 연립방정식

[1] 교환꼴인 경우
첫째, 두 식의 합 또는 차를 구한다.

둘째, 인수분해한다.

[2] 윤환꼴인 경우
첫째, 방정식들을 모두 더하거나 곱한다.

둘째, 더했을 때는 다시 빼고, 곱했을 때는 다시 나눈다.

[3] 대칭꼴인 경우
첫째, $x+y=u$, $xy=v$라 놓는다.

둘째, u, v에 대한 연립방정식을 풀어 u, v를 구한다.

셋째, $t^2-ut+v=0$의 두 근이 x, y이다.

강의 교환꼴의 연립방정식

→ 더하거나 뺀 후에 인수분해한다!

→ 상호교환(2식) → 식 불변

→ ⊕ or ⊖ → 인수분해

기|본|예|제 03

다음 연립방정식을 푸시오.
$$\begin{cases} x^2+xy=21 & \cdots\cdots ① \\ y^2+xy=28 & \cdots\cdots ② \end{cases}$$

탐구 교환꼴이므로 두 식을 더하여 $x+y$를 구한 후, x, y를 구한다.

풀이 **1st** ①+②를 계산하면

$\qquad x^2+2xy+y^2=49 \qquad (x+y)^2=7^2 \qquad \therefore\ x+y=\pm 7$

2nd 각각의 경우에 x, y의 값을 구하면

ⅰ) $x+y=7$에서 $y=7-x$를 ①에 대입하면

$\qquad x^2+x(7-x)=21 \qquad 7x=21 \qquad \therefore\ x=3,\ y=4$

ⅱ) $x+y=-7$에서 $y=-7-x$를 ①에 대입하면

$\qquad x^2+x(-7-x)=21 \qquad -7x=21 \qquad \therefore\ x=-3,\ y=-4$

$\qquad \therefore\ \begin{cases} x=3 \\ y=4 \end{cases}$ 또는 $\begin{cases} x=-3 \\ y=-4 \end{cases}$

✔정답 $\begin{cases} x=3 \\ y=4 \end{cases}$ 또는 $\begin{cases} x=-3 \\ y=-4 \end{cases}$

윤환꼴의 연립방정식

→ 더하면 빼고 곱하면 나눈다!

→ 3문자 → 규칙성 有

case 1) 덧셈꼴 → 모두 더하고 뺀다.

case 2) 곱셈꼴 → 모두 곱하고 나눈다.

有(있을 유)

기|본|예|제 04

다음 연립방정식을 푸시오.

(1) $\begin{cases} x+y=3 & \cdots\cdots ① \\ y+z=4 & \cdots\cdots ② \\ z+x=5 & \cdots\cdots ③ \end{cases}$
 (2) $\begin{cases} xy=6 & \cdots\cdots ① \\ yz=2 & \cdots\cdots ② \\ zx=3 & \cdots\cdots ③ \end{cases}$ (단, x, y, z는 양수)

탐구 3원 1차 연립방정식 → ① 덧셈꼴 윤환식이므로 몽땅 더하고 뺀다!

② 곱셈꼴 윤환식이므로 몽땅 곱하고 나눈다!

풀이 (1) **1st** 덧셈꼴 윤환식이므로 몽땅 더하면

①+②+③; $2(x+y+z)=12$

$\therefore x+y+z=6 \qquad \cdots\cdots ④$

2nd ④에서 각 식을 빼면

④-①; $z=3$

④-②; $x=2$

④-③; $y=1$

$\therefore x=2,\ y=1,\ z=3$

(2) **1st** 곱셈꼴 윤환식이므로 몽땅 곱하면

①×②×③; $(xyz)^2=36$

x, y, z가 양수이므로 $xyz=6 \qquad \cdots\cdots ④$

2nd ④를 각 식으로 나누면

④÷①; $z=1$

④÷②; $x=3$

④÷③; $y=2$

$\therefore x=3,\ y=2,\ z=1$

정답 (1) $x=2,\ y=1,\ z=3$ (2) $x=3,\ y=2,\ z=1$

대칭꼴의 연립방정식

→ 먼저 합 $x+y$와 곱 xy를 구한다!

→ 문자교환(1식) → 식 불변

첫째, $x+y$, xy를 구한다.

둘째, t^2-합$t+$곱$=0$의 두 근을 구한다.

기|본|예|제 05

다음 연립방정식을 푸시오.

$$\begin{cases} x^2+y^2=5 \\ xy=-2 \end{cases}$$

탐구 대칭꼴이므로 $x+y$, xy를 구한 다음 t^2-합$t+$곱$=0$를 풀어 t를 구한다.

풀이

(1st) 식을 변형하여 $x+y=u$, $xy=v$로 놓으면

$$x^2+y^2=(x+y)^2-2xy=5$$

$$\therefore\ u^2-2v=5 \qquad \cdots\cdots ①$$

$$xy=-2 \quad \therefore\ v=-2 \quad \cdots\cdots ②$$

(2nd) ②를 ①에 대입하면

$$u^2=1 \quad \therefore\ u=\pm 1$$

(3rd) $x+y=u$, $xy=v$임을 이용하여 $t^2-ut+v=0$의 근을 구하면

ⅰ) $u=1$, $v=-2$일 때

$x+y=1$, $xy=-2$이므로 x, y는 $t^2-t-2=0$의 두 근이다.

$(t-2)(t+1)=0$에서 $t=2$ 또는 $t=-1$이므로

$x=2$, $y=-1$ 또는 $x=-1$, $y=2$

ⅱ) $u=-1$, $v=-2$일 때

$x+y=-1$, $xy=-2$이므로 x, y는 $t^2+t-2=0$의 두 근이다.

$(t+2)(t-1)=0$에서 $t=-2$ 또는 $t=1$이므로

$x=-2$, $y=1$ 또는 $x=1$, $y=-2$

(4th) ⅰ), ⅱ)에 의해 해를 구하면

$$\begin{cases} x=2 \\ y=-1 \end{cases} \text{또는} \begin{cases} x=-1 \\ y=2 \end{cases} \text{또는} \begin{cases} x=-2 \\ y=1 \end{cases} \text{또는} \begin{cases} x=1 \\ y=-2 \end{cases}$$

정답 $\begin{cases} x=2 \\ y=-1 \end{cases} \text{또는} \begin{cases} x=-1 \\ y=2 \end{cases} \text{또는} \begin{cases} x=-2 \\ y=1 \end{cases} \text{또는} \begin{cases} x=1 \\ y=-2 \end{cases}$

3 근의 조건이 주어진 연립이차방정식

→ $\begin{cases} \text{일차방정식} \\ \text{이차방정식} \end{cases}$ 꼴의 연립이차방정식에 근의 조건이 주어지면 일차방정식을 이차방정식에 대입하여 한 문자에 대한 이차방정식으로 바꾼 후 조건에 맞게 판별식을 이용한다.

강의 **근의 조건이 주어진 연립이차방정식**

→ 일차식을 이차식에 대입한 후 판별식 D를 사용한다!

첫째, 일차식을 이차식에 대입하여 정리한다.

둘째, 근의 조건에 맞게 판별식을 사용한다.

기 | 본 | 예 | 제 06

연립방정식 $\begin{cases} x+y=k \\ -x^2+2xy=1 \end{cases}$ 이 오직 한 쌍의 해를 가질 때, 양수 k의 값을 구하시오.

탐구 연립방정식이 한 쌍의 해를 가지면 판별식 $D=0$이다.

풀이 (1st) 주어진 일차방정식을 변형하면

$$y=k-x$$

(2nd) 이 식을 이차방정식에 대입하여 정리하면

$$-x^2+2x(k-x)=1 \qquad -3x^2+2kx-1=0$$

$$\therefore 3x^2-2kx+1=0 \quad \cdots\cdots ①$$

(3rd) 연립방정식이 오직 한 쌍의 해를 가지므로 ①의 판별식을 구하면

$$D/4=k^2-3=0 \qquad (k+\sqrt{3})(k-\sqrt{3})=0$$

$$\therefore k=\pm\sqrt{3}$$

(4th) 양수 k의 값을 구하면

$$k=\sqrt{3}$$

정답 $\sqrt{3}$

MEMO

4 연립방정식의 응용

첫째, 미지수를 x, y로 놓는다.

둘째, 주어진 조건을 활용하여 방정식을 세운다.

셋째, 연립방정식을 풀어 해를 구한다.

넷째, 구한 해가 조건에 맞는지를 검토한다.

강의 연립방정식의 응용

➡ 조건에 맞도록 미지수를 설정한 후 연립방정식을 세운다!

첫째, 미지수 x, y 설정

둘째, 조건 이용 등식 작성

셋째, 연립방정식 풀이 검산

넷째, 조건에 맞는 해만 선택

기|본|예|제 07

넓이가 $48\,\text{cm}^2$이고, 가로의 길이가 세로의 길이의 2배보다 $4\,\text{cm}$ 짧은 직사각형의 둘레의 길이를 구하시오.

탐구 가로: x, 세로: y로 놓고 식 만들기

풀이

(1st) 가로의 길이를 x, 세로의 길이를 y라 하고 주어진 조건을 식으로 나타내면

$$xy = 48, \ x = 2y - 4$$

(2nd) $x = 2y - 4$를 $xy = 48$에 대입하면

$$(2y - 4)y = 48$$

$$y^2 - 2y - 24 = 0$$

$$(y - 6)(y + 4) = 0$$

$$\therefore \ y = 6 \ \text{또는} \ y = -4$$

(3rd) y는 세로의 길이이므로

$$y = 6$$

(4th) $y = 6$을 $x = 2y - 4$에 대입하면

$$x = 8$$

(5th) 직사각형의 둘레의 길이를 구하면

$$2 \times (8 + 6) = 28\,(\text{cm})$$

✔ 정답 $28\,\text{cm}$

---

02 부정방정식

1 부정방정식의 해법

[1] 부정방정식의 정의

➡ 일반적으로 연립방정식에서 방정식의 수는 미지수의 수와 같거나, 아니면 미지수의 수보다 많아야 방정식의 미지수를 구할 수 있다. 그런데 미지수의 수보다 방정식의 수가 적은 방정식이 있는데, 이런 방정식을 **부정방정식** 또는 **부족방정식**이라 한다.

[2] 부정방정식의 해법

➡ 부족한 방정식 대신 주어지는 조건을 이용한다.

(1) 정수 조건이 주어지고 $A \times B = $(정수)꼴인 경우

➡ 곱이 정수가 되는 모든 경우를 따진다.

(2) 정수 조건이 주어지고 $ax + by + cz = k$꼴인 경우

➡ 계수가 가장 큰 항을 기준으로 삼아 분류한다.

(3) 유리수 조건이 주어지고 무리수를 포함하는 경우

➡ 무리수가 서로 같을 조건을 이용한다.

(4) 실수 조건이 주어지고 허수를 포함하는 경우

➡ 복소수가 서로 같을 조건을 이용한다.

(5) 실수 조건이 주어지고 허수를 불포함하는 경우

➡ 완전제곱 또는 판별식을 이용한다.

강의 부정방정식(부족방정식)

➡ 조건에 맞는 해법을 꼭 기억해 두어야 한다!

➡ ┌ 조건 有 → 해: 유한개
　　└ 조건 無 → 해: 무한개

➡ 미지수의 개수 > 방정식의 개수

　　→ 부족방정식 → 조건 이용

有(있을 유)　　無(없을 무)

정수 조건이 있는 부정방정식의 해법

→ 식의 차수에 따라 달라진다!

→ 정수 조건 ⎡ 1차 → 최대계수항 기준 분류
           ⎣ 2차 → 상수를 무시한 인수분해

기 | 본 | 예 | 제 08

방정식 $x+2y+3z=10$을 만족하는 양의 정수 x, y, z의 값을 구하시오.

탐구   정수 조건이 주어지고 일차식인 경우에는 계수가 가장 큰 항을 기준으로 분류한다.

풀이   **1st** 계수가 가장 큰 항인 z의 범위를 구하면

$$0 < 3z \leq 7$$

$$0 < z \leq \frac{7}{3}$$

2nd z는 양의 정수이므로

$$z=1, \; z=2$$

3rd 각각의 z의 값을 주어진 방정식에 대입하고 조건에 맞는 x, y의 값을 구하면

i) $z=1$일 때, $x+2y=7$에서

$$y=1이면 \; x=5$$
$$y=2이면 \; x=3$$
$$y=3이면 \; x=1$$
$$y=4이면 \; 모순$$

ii) $z=2$일 때, $x+2y=4$에서

$$y=1이면 \; x=2$$
$$y=2이면 \; 모순$$

4th i), ii)에 의해 해를 구하면

$$\begin{cases} x=1 \\ y=3 \\ z=1 \end{cases} 또는 \begin{cases} x=2 \\ y=1 \\ z=2 \end{cases} 또는 \begin{cases} x=3 \\ y=2 \\ z=1 \end{cases} 또는 \begin{cases} x=5 \\ y=1 \\ z=1 \end{cases}$$

정답 $\begin{cases} x=1 \\ y=3 \\ z=1 \end{cases} 또는 \begin{cases} x=2 \\ y=1 \\ z=2 \end{cases} 또는 \begin{cases} x=3 \\ y=2 \\ z=1 \end{cases} 또는 \begin{cases} x=5 \\ y=1 \\ z=1 \end{cases}$

$x^2 - xy - x + y + 15 = 0$을 만족하는 양의 정수 x, y의 값을 구하시오.

탐구 정수 조건이 주어지고 이차식인 경우에는 상수항을 무시하고 인수분해한다.

풀이 **1st** 상수를 무시하고 인수분해를 하면

$$x(x-y) - (x-y) = -15$$

$$(x-1)(x-y) = -15 \quad \cdots\cdots ①$$

2nd x는 양의 정수이므로

$$x > 0 \quad x-1 > -1 \quad \cdots\cdots ②$$

3rd ①, ②를 만족하는 모든 경우를 구하면

$x-1$	1	3	5	15
$x-y$	-15	-5	-3	-1

i) $x-1 = 1$에서 $x = 2$

$x-y = -15$에서 $2-y = -15$ $\therefore y = 17$

ii) $x-1 = 3$에서 $x = 4$

$x-y = -5$에서 $4-y = -5$ $\therefore y = 9$

iii) $x-1 = 5$에서 $x = 6$

$x-y = -3$에서 $6-y = -3$ $\therefore y = 9$

iv) $x-1 = 15$에서 $x = 16$

$x-y = -1$에서 $16-y = -1$ $\therefore y = 17$

4th i), ii), iii), iv)에서 해를 구하면

$$\begin{cases} x=2 \\ y=17 \end{cases} \text{또는} \begin{cases} x=4 \\ y=9 \end{cases} \text{또는} \begin{cases} x=6 \\ y=9 \end{cases} \text{또는} \begin{cases} x=16 \\ y=17 \end{cases}$$

정답 $\begin{cases} x=2 \\ y=17 \end{cases} \text{또는} \begin{cases} x=4 \\ y=9 \end{cases} \text{또는} \begin{cases} x=6 \\ y=9 \end{cases} \text{또는} \begin{cases} x=16 \\ y=17 \end{cases}$

◢MEMO

실수 조건이 있는 이차의 부정방정식

➡ 판별식 또는 완전제곱식을 이용한다.

➡ 실수 조건 $\begin{cases} xy\text{항 有} \rightarrow \text{판별식 이용} \\ xy\text{항 無} \rightarrow \text{완전제곱 이용} \end{cases}$

有(있을 유)　無(없을 무)

기 | 본 | 예 | 제 10

실수 x, y가 $x^2 - 4xy + 5y^2 + 2x - 8y + 5 = 0$을 만족할 때, $x+y$의 값을 구하시오.

탐구 실수 조건이 주어지고 xy항이 있는 경우에는 판별식을 이용하는 것이 편리하다.

풀이 **(1st)** 주어진 식을 x에 대하여 내림차순으로 정리하면

$$x^2 - 2(2y-1)x + 5y^2 - 8y + 5 = 0 \quad \cdots\cdots ①$$

(2nd) x는 실수이므로

$$D/4 = (2y-1)^2 - 5y^2 + 8y - 5 = -y^2 + 4y - 4 \geq 0$$

$$y^2 - 4y + 4 \leq 0 \quad (y-2)^2 \leq 0 \quad \therefore y = 2$$

(3rd) $y = 2$를 ①에 대입하여 x의 값을 구하면

$$x^2 - 6x + 9 = 0 \quad (x-3)^2 = 0 \quad \therefore x = 3$$

(4th) $x+y$의 값을 구하면

$$x + y = 3 + 2 = 5$$

✔ 정답 5

기 | 본 | 예 | 제 11

방정식 $2x^2 + 2y^2 - 2x + 2y + 1 = 0$을 만족하는 실수 x, y의 값을 구하시오.

탐구 실수 조건이 주어지고 xy항이 없는 경우에는 완전제곱으로 고치는 것이 편리하다.

풀이 **(1st)** 주어진 식을 $(\quad)^2 + (\quad)^2 = 0$의 꼴로 고치면

$$2\left(x^2 - x + \frac{1}{4}\right) + 2\left(y^2 + y + \frac{1}{4}\right) = 0 \quad \left(x - \frac{1}{2}\right)^2 + \left(y + \frac{1}{2}\right)^2 = 0$$

(2nd) x, y가 실수이므로

$$x - \frac{1}{2} = 0, \ y + \frac{1}{2} = 0 \quad \therefore x = \frac{1}{2}, \ y = -\frac{1}{2}$$

✔ 정답 $x = \dfrac{1}{2}, \ y = -\dfrac{1}{2}$

기 | 본 | 예 | 제 **12**

다음을 구하시오.

(1) $(2\sqrt{3}+1)a+(1-\sqrt{3})b=3$을 만족하는 유리수 a, b의 값을 구하시오.

(2) $(\sqrt{3}+1)x+(\sqrt{3}-1)y=\sqrt{3}+3$을 만족하는 유리수 x, y에 대하여 x^2+y^2의 값을 구하시오.

탐구 유리수 조건이 주어지고 $\sqrt{}$를 포함하면 무리수가 서로 같을 조건을 이용한다.

풀이 (1) ①st 주어진 식을 유리수 부분과 무리수 부분으로 정리하면

$$2a\sqrt{3}+a+b-b\sqrt{3}=3$$
$$(2a-b)\sqrt{3}+(a+b)=3$$

②nd 무리수가 서로 같을 조건을 이용하면

$$2a-b=0,\ a+b=3$$

③rd 두 식을 연립하여 a, b를 구하면

$$a=1,\ b=2$$

(2) ①st 주어진 식을 유리수 부분과 무리수 부분으로 정리하면

$$x\sqrt{3}+x+y\sqrt{3}-y=\sqrt{3}+3$$
$$(x+y)\sqrt{3}+x-y=\sqrt{3}+3$$

②nd 무리수가 서로 같을 조건을 이용하면

$$x+y=1,\ x-y=3$$

③rd 두 식을 연립하여 x, y를 구하면

$$x=2,\ y=-1$$

④th x^2+y^2의 값을 구하면

$$x^2+y^2=4+1=5$$

정답 (1) $a=1$, $b=2$ (2) 5

허수를 포함하고 실수 조건이 있는 부정방정식

→ 복소수가 서로 같을 조건을 이용한다! (100%)

→ 실수 조건+i

→ 복소수가 서로 같을 조건 이용 (100%)

기|본|예|제 **13**

$x^2 + (1+i)xy + iy^2 = 24 + 40i$를 만족하는 실수 x, y의 값을 구하시오.

탐구   실수부분과 허수부분으로 정리하고 복소수가 서로 같을 조건을 이용한다.

풀이
1st 주어진 식을 실수부분과 허수부분으로 정리하면

$$x^2 + xy + xyi + y^2i = 24 + 40i$$

$$(x^2 + xy) + (xy + y^2)i = 24 + 40i$$

2nd 복소수가 서로 같을 조건을 이용하면

$$x^2 + xy = 24 \qquad \cdots\cdots ①$$

$$xy + y^2 = 40 \qquad \cdots\cdots ②$$

3rd 교환꼴이므로 ①+②를 계산하면

$$x^2 + 2xy + y^2 = 64$$

$$(x+y)^2 = 8^2 \qquad \therefore \ x+y = \pm 8$$

4th 각각의 경우에 연립방정식을 풀면

   ⅰ) $x+y = 8$에서 $y = 8-x$를 ①에 대입하면

$$x^2 + x(8-x) = 24$$

$$8x = 24 \qquad \therefore \ x = 3, \ y = 5$$

   ⅱ) $x+y = -8$에서 $y = -8-x$를 ①에 대입하면

$$x^2 + x(-8-x) = 24$$

$$-8x = 24 \qquad \therefore \ x = -3, \ y = -5$$

5th ⅰ), ⅱ)에 의해 x, y의 값을 구하면

$$\begin{cases} x = 3 \\ y = 5 \end{cases} \text{또는} \begin{cases} x = -3 \\ y = -5 \end{cases}$$

✔ 정답 $\begin{cases} x = 3 \\ y = 5 \end{cases}$ 또는 $\begin{cases} x = -3 \\ y = -5 \end{cases}$

반복 학습 기록란.

가장 좋은 학습 방법은 학교에서나 학원에서나 선생님의 강의를 열심히 듣고 여러 번 반복 학습하는 것입니다.
지금부터 당장 선생님의 강의를 열심히 듣고 반복! 반복하십시오. 그러면 곧 모든 과목에 자신이 생길 것입니다.

회수	시작이 반!			끝을 봐야!			확인
제1회	년	월	일부터	년	월	일까지	
제2회	년	월	일부터	년	월	일까지	
제3회	년	월	일부터	년	월	일까지	
제4회	년	월	일부터	년	월	일까지	
제5회	년	월	일부터	년	월	일까지	
제6회	년	월	일부터	년	월	일까지	
제7회	년	월	일부터	년	월	일까지	
제8회	년	월	일부터	년	월	일까지	
제9회	년	월	일부터	년	월	일까지	
제10회	년	월	일부터	년	월	일까지	

단원 점검문제

▶ 아무런 도움 없이 스스로 연습장에 풀어 단원에 대한 성취도를 평가하고 미흡한 점이 있으면 배운 부분을 다시 반복 학습하도록 하자.

01 다음 연립방정식을 만족시키는 x, y에 대하여 $x+y$의 값을 구하시오.

$$\begin{cases} x^2 + 4xy + y^2 = -2 \\ x - y = 2 \end{cases}$$

02 연립방정식 $\begin{cases} x^2 + y^2 = 13 \\ x^2 - xy + y = 1 \end{cases}$ 을 푸시오.

03 다음 연립방정식을 푸시오.

$$\begin{cases} x^2 + xy = 21 & \cdots\cdots ① \\ y^2 + xy = 28 & \cdots\cdots ② \end{cases}$$

04 다음 연립방정식을 푸시오.

(1) $\begin{cases} x + y = 3 & \cdots\cdots ① \\ y + z = 4 & \cdots\cdots ② \\ z + x = 5 & \cdots\cdots ③ \end{cases}$ (2) $\begin{cases} xy = 6 & \cdots\cdots ① \\ yz = 2 & \cdots\cdots ② \\ zx = 3 & \cdots\cdots ③ \end{cases}$ (단, x, y, z는 양수)

05 다음 연립방정식을 푸시오.

$$\begin{cases} x^2 + y^2 = 5 \\ xy = -2 \end{cases}$$

06 연립방정식 $\begin{cases} x + y = k \\ -x^2 + 2xy = 1 \end{cases}$ 이 오직 한 쌍의 해를 가질 때, 양수 k의 값을 구하시오.

07 넓이가 $48\,\text{cm}^2$이고, 가로의 길이가 세로의 길이의 2배보다 $4\,\text{cm}$ 짧은 직사각형의 둘레의 길이를 구하시오.

08 방정식 $x+2y+3z=10$을 만족하는 양의 정수 x, y, z의 값을 구하시오.

09 $x^2-xy-x+y+15=0$을 만족하는 양의 정수 x, y의 값을 구하시오.

10 실수 x, y가 $x^2-4xy+5y^2+2x-8y+5=0$을 만족할 때, $x+y$의 값을 구하시오.

11 방정식 $2x^2+2y^2-2x+2y+1=0$을 만족하는 실수 x, y의 값을 구하시오.

12 다음을 구하시오.
(1) $(2\sqrt{3}+1)a+(1-\sqrt{3})b=3$을 만족하는 유리수 a, b의 값을 구하시오.
(2) $(\sqrt{3}+1)x+(\sqrt{3}-1)y=\sqrt{3}+3$을 만족하는 유리수 x, y에 대하여 x^2+y^2의 값을 구하시오.

13 $x^2+(1+i)xy+iy^2=24+40i$를 만족하는 실수 x, y의 값을 구하시오.

MEMO

V

부등식

P A R T
01

연립일차부등식

명언

어리석은 자는 멀리서 행복을 찾고,
현명한 자는 자신의 발치에서 행복을 키워간다.
- 제임스 오펜하임 -

01 문자계수를 포함한 일차부등식

1 문자계수를 포함한 일차부등식의 해법

첫째, 미지항은 좌측에, 상수항은 우측에 모은다.

둘째, 문자계수를 세 가지 경우로 분리한다.

[1] $ax > b$의 해법

  (1) $a > 0$일 때, $x > \dfrac{b}{a}$ (부등호 방향 불변)

  (2) $a < 0$일 때, $x < \dfrac{b}{a}$ (부등호 방향 변화)

  (3) $a = 0$일 때, ① $b \geq 0$: 해는 없다.   ② $b < 0$: x는 모든 실수

[2] $ax < b$의 해법

  (1) $a > 0$일 때, $x < \dfrac{b}{a}$ (부등호 방향 불변)

  (2) $a < 0$일 때, $x > \dfrac{b}{a}$ (부등호 방향 변화)

  (3) $a = 0$일 때, ① $b > 0$: x는 모든 실수   ② $b \leq 0$: 해는 없다.

강의 **문자계수 1차부등식**

➡ **3가지의 경우로 분리한다!**

➡ **경우분리**
- $a > 0$: **부등호 불변**
- $a < 0$: **부등호 변화**
- $a = 0$: b의 **부호에 주의!**

기│본│예│제 01

부등식 $ax - 2 > 2x - a$를 푸시오. (단, a는 상수)

탐구 부등식에 문자계수가 있으면 세 가지 경우로 나누어 푼다.

풀이 **1st** 주어진 부등식을 정리하면

$$ax - 2x > -a + 2 \quad (a-2)x > -(a-2)$$

2nd 문자계수를 포함하므로 경우를 분리하여 부등식을 풀면

    i) $a - 2 > 0$, 즉 $a > 2$일 때, $x > -1$

    ii) $a - 2 < 0$, 즉 $a < 2$일 때, $x < -1$

    iii) $a - 2 = 0$, 즉 $a = 2$일 때, $0x > 0$이므로 해가 없다.

정답   i) $a > 2$일 때, $x > -1$ ii) $a < 2$일 때, $x < -1$ iii) $a = 2$일 때, 해가 없다.

$a+b < 0$이고 $a = 2b$일 때, 부등식 $(a-b)x+2a-b > 0$을 푸시오.

탐구   주어진 조건을 이용하여 x의 계수의 부호를 결정하고 부등식을 푼다.

풀이   ① $a = 2b$를 $a+b < 0$에 대입하면

$$b < 0$$

② $a = 2b$를 구하는 부등식에 대입하여 정리하면

$$(2b-b)x+4b-b > 0 \qquad bx > -3b$$

③ $b < 0$이므로 부등식을 풀면

$$x < -3$$

✔정답 $x < -3$

부등식 $(a+2b)x+a-b < 0$의 해가 $x > 1$일 때, 부등식 $(a-b)x+a-4b < 0$을 푸시오.

탐구   주어진 부등식의 부등호와 해의 부등호의 방향을 비교하여 x의 계수의 부호를 결정하고 부등식을 푼다.

풀이   ① $(a+2b)x < b-a$의 해가 $x > 1$이므로

$$a+2b < 0 \qquad\qquad \cdots\cdots ①$$

② 부등식을 풀면

$$x > \frac{b-a}{a+2b}$$

$$\therefore \ \frac{b-a}{a+2b} = 1 \qquad\qquad \cdots\cdots ②$$

③ ②를 정리하면

$$b-a = a+2b$$

$$\therefore \ b = -2a \qquad\qquad \cdots\cdots ③$$

④ ③을 ①에 대입하면

$$a > 0$$

⑤ ③을 구하는 부등식에 대입하여 풀면

$$(a+2a)x+a+8a < 0 \qquad 3ax < -9a$$

⑥ $a > 0$이므로 부등식을 풀면

$$x < -3$$

✔정답 $x < -3$

---

02 연립일차부등식

1 연립일차부등식

[1] 연립부등식의 기본 해법

첫째, 각 부등식의 해를 구한다.

둘째, 구한 해를 수직선 위에 나타낸다.

셋째, 동시에 만족하는 x의 범위를 구한다.

[2] 부등식 $A < B < C$의 의미

→ $A < B$이고 $B < C$

[3] 등식과 부등식의 연립

→ 등식을 한 문자에 대하여 정리한 후 부등식에 대입하여 범위를 구한다.

강의 연립일차부등식의 해법

→ 수직선 위에 도시하여 공통범위를 구한다!

첫째, 각 부등식의 해를 구한다.

둘째, 수직선 위에 도시한다.

셋째, 공통 범위가 답이다.

기 | 본 | 예 | 제 04

다음 연립부등식을 푸시오.

$$\begin{cases} 2x+3 \geq 1 \\ 3x-2 \geq 4x-5 \end{cases}$$

탐구   부등식 풀기 → 수직선에 도시 → 공통 범위

풀이   **1st** 각 부등식을 풀면

$$\begin{cases} 2x+3 \geq 1 & 2x \geq -2 & \therefore\ x \geq -1 & \cdots\cdots\ ① \\ 3x-2 \geq 4x-5 & -x \geq -3 & \therefore\ x \leq 3 & \cdots\cdots\ ② \end{cases}$$

2nd ①, ②를 수직선에 나타내고 공통 범위를 구하면

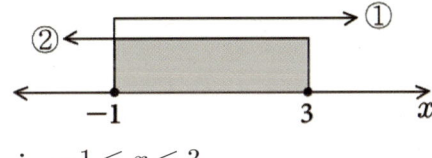

$$\therefore\ -1 \leq x \leq 3$$

정답 $-1 \leq x \leq 3$

다음 연립부등식을 푸시오.

$$\begin{cases} 0.1x + 0.5 \ge -0.2x - 0.4 \\ x + \dfrac{1}{2} \ge 2x - \dfrac{1}{5} \end{cases}$$

탐구 계수 정리 → 부등식 풀기 → 수직선에 도시 → 공통 범위

풀이 (1st) 각 부등식의 계수를 정리하고 풀면

ⅰ) $0.1x + 0.5 \ge -0.2x - 0.4$ 의 양변에 10을 곱하고 정리하면

$$x + 5 \ge -2x - 4 \qquad 3x \ge -9 \qquad \therefore \; x \ge -3 \qquad \cdots\cdots ①$$

ⅱ) $x + \dfrac{1}{2} \ge 2x - \dfrac{1}{5}$ 의 양변에 10을 곱하고 정리하면

$$10x + 5 \ge 20x - 2 \qquad -10x \ge -7 \qquad \therefore \; x \le \frac{7}{10} \qquad \cdots\cdots ②$$

(2nd) ①, ②를 수직선에 나타내고 공통 범위를 구하면

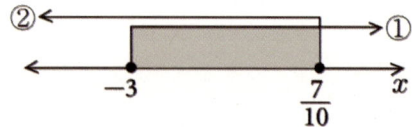

$$\therefore \; -3 \le x \le \frac{7}{10}$$

정답 $-3 \le x \le \dfrac{7}{10}$

다음 부등식을 푸시오.

$$x - 2 < -2x + 1 \le 2x + 5$$

탐구 $A < B \le C \rightarrow A < B$ 와 $B \le C$ 로 분리하여 푼다.

풀이 (1st) 주어진 부등식을 연립부등식으로 바꾸어 풀면

$$\begin{cases} x - 2 < -2x + 1 \qquad 3x < 3 \qquad \therefore \; x < 1 \qquad \cdots\cdots ① \\ -2x + 1 \le 2x + 5 \qquad -4x \le 4 \qquad \therefore \; x \ge -1 \qquad \cdots\cdots ② \end{cases}$$

(2nd) ①, ②를 수직선에 나타내고 공통 범위를 구하면

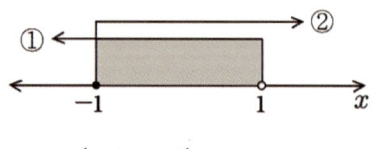

$$\therefore \; -1 \le x < 1$$

정답 $-1 \le x < 1$

특수한 해를 갖는 연립일차부등식

→ 수직선 위에 도시하여 판단한다!

① $\begin{cases} x \le a \\ x \ge a \end{cases}$ → 해는 $x = a$

② $\begin{cases} x \le a \\ x > a \end{cases}$ 또는 $\begin{cases} x \ge a \\ x < a \end{cases}$ 또는 $\begin{cases} x < a \\ x > a \end{cases}$ 또는 $\begin{cases} x \ge a \\ x \le b \end{cases}$ $(a > b)$ → 해는 없다.

주의 이해하기 어려울 때는 반드시 수직선 위에 도시하여 판단해야 한다!

기|본|예|제 07

다음 연립부등식을 푸시오.

(1) $\begin{cases} 3x - 4 \le x \\ 2x - 3 \le 3x - 5 \end{cases}$

(2) $\begin{cases} 4 - 2(x+1) > x - 13 \\ 2x - 3 \ge x + 2 \end{cases}$

탐구 각각의 부등식을 풀어 수직선에 나타내고 해를 구한다.

풀이 (1) **1st** 각 부등식을 풀면

$$\begin{cases} 3x - 4 \le x & 2x \le 4 & \therefore \ x \le 2 & \cdots\cdots ① \\ 2x - 3 \le 3x - 5 & -x \le -2 & \therefore \ x \ge 2 & \cdots\cdots ② \end{cases}$$

2nd ①, ②를 수직선에 나타내고 공통 범위를 구하면

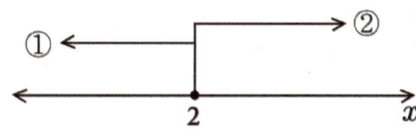

$$\therefore \ x = 2$$

(2) **1st** 각 부등식을 풀면

$$\begin{cases} 4 - 2(x+1) > x - 13 & \therefore \ x < 5 & \cdots\cdots ① \\ 2x - 3 \ge x + 2 & \therefore \ x \ge 5 & \cdots\cdots ② \end{cases}$$

2nd ①, ②를 수직선에 나타내고 공통 범위를 구하면

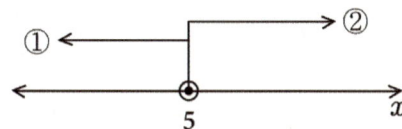

$$\therefore \ \text{해는 없다.}$$

정답 (1) $x = 2$ (2) 해는 없다.

기|본|예|제 **08**

연립부등식 $\begin{cases} 2x+3 > 3x+a \\ 3x-2 < 4x-b \end{cases}$ 의 해가 $-3 < x < 2$일 때, 상수 a, b에 대하여 $a+b$의 값을 구하시오.

탐구 각 부등식의 해와 주어진 해를 비교하고 미지수의 값을 구한다.

풀이 (1st) 각 부등식의 해를 구하면

$$2x+3 > 3x+a \qquad -x > a-3$$
$$\therefore \ x < 3-a \qquad\qquad \cdots\cdots\ ①$$
$$3x-2 < 4x-b \qquad -x < 2-b$$
$$\therefore \ x > b-2 \qquad\qquad \cdots\cdots\ ②$$

(2nd) 연립부등식의 해가 $-3 < x < 2$가 되도록 ①, ②를 수직선에 나타내면

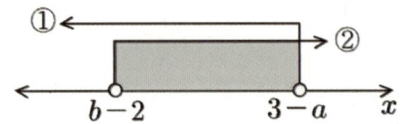

$b-2 = -3$이므로 $b = -1$

$3-a = 2$이므로 $a = 1$

(3rd) $a+b$의 값을 구하면

$$a+b = 0$$

정답 0

연립부등식 $\begin{cases} 4x+1 \le 3x-2 \\ x+a > 2 \end{cases}$ 가 해를 갖지 않도록 하는 실수 a의 최댓값을 구하시오.

탐구 각 부등식을 푼 후 공통부분이 없도록 하는 a의 범위를 구한다.

풀이 (1st) 각 부등식을 풀면

$$\begin{cases} 4x+1 \le 3x-2 & \therefore\ x \le -3 & \cdots\cdots ① \\ x+a > 2 & \therefore\ x > 2-a & \cdots\cdots ② \end{cases}$$

(2nd) 공통부분이 없도록 ①, ②를 수직선에 나타내면

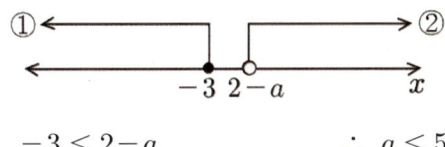

$$-3 \le 2-a \qquad\qquad \therefore\ a \le 5$$

(3rd) 실수 a의 최댓값을 구하면

5이다.

✔ 정답 5

연립부등식 $\begin{cases} 5(x-3) > 2x-3 \\ 3x-7 \le x-k \end{cases}$ 를 만족하는 정수 x가 1개일 때, 실수 k의 값의 범위를 구하시오.

탐구 각 부등식을 푼 후 공통부분에 정수가 1개 존재하도록 k의 범위를 구한다.

풀이 (1st) 각 부등식을 풀면

$$\begin{cases} 5(x-3) > 2x-3 & 3x > 12 & \therefore\ x > 4 & \cdots\cdots ① \\ 3x-7 \le x-k & 2x \le 7-k & \therefore\ x \le \dfrac{7-k}{2} & \cdots\cdots ② \end{cases}$$

(2nd) 연립부등식을 만족하는 정수가 1개 존재하도록 ①, ②를 수직선에 나타내면

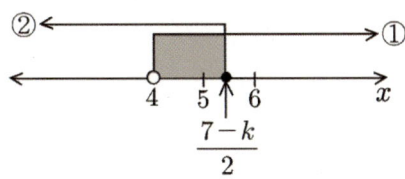

$$5 \le \frac{7-k}{2} < 6 \qquad 10 \le 7-k < 12 \qquad 3 \le -k < 5$$

$$\therefore\ -5 < k \le -3$$

✔ 정답 $-5 < k \le -3$

2 절댓값을 포함한 일차부등식

첫째, (절댓값 안)$=0$이 되는 x의 값을 구한다.

둘째, 위에서 구한 x의 값을 경계로 하여 구간을 나눈다.

셋째, 위에서 정한 구간에서 절댓값 기호를 없애고 해를 구한다.

강의 ## 절댓값 부등식(Ⅰ)

→ 공식을 이용할 수 있는 경우이다!

① $a > 0$일 때, $|x| < a \Leftrightarrow -a < x < a$

② $a > 0$일 때, $|x| > a \Leftrightarrow x < -a$ or $x > a$

③ $a > 0$, $b > 0$일 때, $a < |x| < b \Leftrightarrow a < x < b$, $-a > x > -b$

주의 다음 부등식의 해는 자주 사용되는 것이므로 음미해두자.

(1) $|x| \geq 0 \rightarrow x$는 모든 실수

$|x| > 0 \rightarrow x \neq 0$인 모든 실수

(2) $|x| \leq 0 \rightarrow x = 0$

$|x| < 0 \rightarrow$ 해는 없다.

(3) $|x| > -3 \rightarrow x$는 모든 실수

$|x| < -3 \rightarrow$ 해는 없다.

기|본|예|제 **11**

다음 부등식을 푸시오.

(1) $|x-2| < 3$ 　　　　(2) $|x-2| > 3$ 　　　(3) $3 < |x-2| < 4$

탐구 ① $a > 0$일 때, $|x| < a \rightarrow -a < x < a$

② $a > 0$일 때, $|x| > a \rightarrow x < -a$, $x > a$

③ $a > 0$, $b > 0$일 때, $a < |x| < b \rightarrow a < x < b$, $-a > x > -b$

풀이 **(1st)** 공식을 이용하여 부등식을 풀면

(1) $|x-2| < 3$에서 $-3 < x-2 < 3$

$\therefore -1 < x < 5$

(2) $|x-2| > 3$에서 $x-2 < -3$, $x-2 > 3$

$\therefore x < -1$, $x > 5$

(3) $3 < |x-2| < 4$에서 $3 < x-2 < 4$, $-3 > x-2 > -4$

$\therefore 5 < x < 6$, $-2 < x < -1$

정답 　(1) $-1 < x < 5$ 　(2) $x < -1$, $x > 5$ 　(3) $5 < x < 6$, $-2 < x < -1$

절댓값 부등식(Ⅱ)

→ 공식을 이용할 수 없는 경우로 구간을 분리하여 푼다!

→ $|\quad|=0(n$개$)$ → 구간$(n+1$개$)$

→ 구간과 풀이의 공통 범위들의 합 범위가 답이다.

기|본|예|제 12

다음 부등식을 푸시오.

(1) $|x-1|<2x-5$ (2) $|2x+1|>4x-1$

탐구 (절댓값 안)$=0$이 되는 x의 값을 경계로 구간을 나누어 해를 구한다.

풀이 (1) **1st** (절댓값 안)$=0$인 x의 값을 구하면

$$x-1=0 \qquad \therefore \ x=1$$

2nd $x=1$을 경계로 구간을 나누어 부등식을 풀면

ⅰ) $x\geq 1$일 때, $x-1<2x-5$ $-x<-4$ $\therefore \ x>4$

$\qquad\qquad x\geq 1$이므로 $x>4$

ⅱ) $x<1$일 때, $-x+1<2x-5$ $-3x<-6$ $\therefore \ x>2$

$\qquad\qquad x<1$이므로 해가 없다.

3rd ⅰ), ⅱ)의 합 범위를 구하면

$$x>4$$

(2) **1st** (절댓값 안)$=0$인 x의 값을 구하면

$$2x+1=0 \qquad\qquad \therefore \ x=-\frac{1}{2}$$

2nd $x=-\dfrac{1}{2}$을 경계로 구간을 나누어 부등식을 풀면

ⅰ) $x\geq -\dfrac{1}{2}$일 때, $2x+1>4x-1$ $-2x>-2$ $\therefore \ x<1$

$\qquad\qquad x\geq -\dfrac{1}{2}$이므로 $-\dfrac{1}{2}\leq x<1$

ⅱ) $x<-\dfrac{1}{2}$일 때, $-2x-1>4x-1$ $-6x>0$ $\therefore \ x<0$

$\qquad\qquad x<-\dfrac{1}{2}$이므로 $x<-\dfrac{1}{2}$

3rd ⅰ), ⅱ)의 합 범위를 구하면

$$x<1$$

정답 (1) $x>4$ (2) $x<1$

부등식 $|x-7|+|x-9|<20$을 만족시키는 정수 x의 최댓값과 최솟값의 차를 구하시오.

탐구 (절댓값 안)$=0$이 되는 x의 값을 경계로 구간을 나누어 해를 구한다.

풀이 **1st** (절댓값 안)$=0$이 되는 x의 값을 구하면

$$x-7=0, \ x-9=0 \qquad \therefore \ x=7, \ x=9$$

2nd $x=7, \ x=9$를 경계로 구간을 나누어 부등식을 풀면

i) $x<7$일 때, $-(x-7)-(x-9)<20 \qquad -x+7-x+9<20$

$$-2x<4 \qquad \therefore \ x>-2$$

$x<7$이므로 $-2<x<7$

ii) $7 \leq x<9$일 때, $x-7-(x-9)<20 \qquad x-7-x+9<20$

$$0x<22 \qquad \therefore \ x는 \ 모든 \ 실수$$

$$\therefore \ 7 \leq x<9$$

iii) $x \geq 9$일 때, $x-7+x-9<20$

$$2x<36 \qquad \therefore \ x<18$$

$x \geq 9$이므로 $9 \leq x<18$

3rd i), ii), iii)의 합 범위를 구하면

$$-2<x<18$$

4th 부등식을 만족하는 정수 x의 최댓값과 최솟값을 구하면

최댓값은 17, 최솟값은 -1

5th 두 수의 차를 구하면

$$17-(-1)=18$$

정답 18

MEMO

3 연립일차부등식의 응용

첫째, 구하는 것을 미지수로 설정한다.

둘째, 주어진 조건을 활용하여 식을 세운다.

셋째, 연립부등식을 풀어 원하는 미지수의 범위를 구한다.

강의 **연립부등식의 응용문제**

→ 조건에 맞도록 미지수를 설정하여 연립방정식을 세운다!

첫째, 미지수 설정

둘째, 조건 이용 부등식 작성

셋째, 부등식 풀이 검산

기|본|예|제 14

한 자루에 200원인 연필과 한 자루에 1000원인 볼펜을 섞어서 10자루를 사려고 한다. 전체 금액이 5200원 이상 6800원 이하가 되도록 할 때, 살 수 있는 연필의 최대 개수를 구하시오.

탐구 구하려고 하는 연필의 수를 x로 놓고 식을 세워 계산한다.

풀이 (1st) 연필의 개수를 x라 하면

볼펜의 개수는 $10-x$이다.

(2nd) 주어진 조건에 맞게 식을 세우면

$$5200 \leq 200x + 1000(10-x) \leq 6800$$

$$26 \leq x + 5(10-x) \leq 34$$

(3rd) 연립 부등식으로 바꾸어 풀면

$$\begin{cases} 26 \leq x + 5(10-x) & 4x \leq 24 & \therefore\ x \leq 6 & \cdots\cdots ① \\ x + 5(10-x) \leq 34 & -4x \leq -16 & \therefore\ x \geq 4 & \cdots\cdots ② \end{cases}$$

(4th) ①, ②를 수직선에 나타내고 공통 범위를 구하면

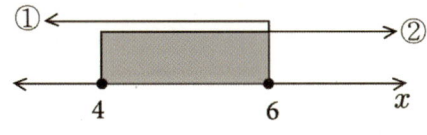

$$\therefore\ 4 \leq x \leq 6$$

따라서 살 수 있는 연필의 최대 개수는 6자루이다.

정답 6자루

반복 학습 기록란.

가장 좋은 학습 방법은 학교에서나 학원에서나 선생님의 강의를 열심히 듣고 여러 번 반복 학습하는 것입니다.
지금부터 당장 선생님의 강의를 열심히 듣고 반복! 반복하십시오. 그러면 곧 모든 과목에 자신이 생길 것입니다.

회수	시작이 반!			끝을 봐야!			확인
제1회	년	월	일부터	년	월	일까지	
제2회	년	월	일부터	년	월	일까지	
제3회	년	월	일부터	년	월	일까지	
제4회	년	월	일부터	년	월	일까지	
제5회	년	월	일부터	년	월	일까지	
제6회	년	월	일부터	년	월	일까지	
제7회	년	월	일부터	년	월	일까지	
제8회	년	월	일부터	년	월	일까지	
제9회	년	월	일부터	년	월	일까지	
제10회	년	월	일부터	년	월	일까지	

단원 점검문제

▶ 아무런 도움 없이 스스로 연습장에 풀어 단원에 대한 성취도를 평가하고 미흡한 점이 있으면 배운 부분을 다시 반복 학습하도록 하자.

01 부등식 $ax - 2 > 2x - a$를 푸시오. (단, a는 상수)

02 $a + b < 0$이고 $a = 2b$일 때, 부등식 $(a - b)x + 2a - b > 0$을 푸시오.

03 부등식 $(a + 2b)x + a - b < 0$의 해가 $x > 1$일 때, 부등식 $(a - b)x + a - 4b < 0$을 푸시오.

04 다음 연립부등식을 푸시오.
$$\begin{cases} 2x + 3 \geq 1 \\ 3x - 2 \geq 4x - 5 \end{cases}$$

05 다음 연립부등식을 푸시오.
$$\begin{cases} 0.1x + 0.5 \geq -0.2x - 0.4 \\ x + \dfrac{1}{2} \geq 2x - \dfrac{1}{5} \end{cases}$$

06 다음 부등식을 푸시오.
$$x - 2 < -2x + 1 \leq 2x + 5$$

07 다음 연립부등식을 푸시오.

(1) $\begin{cases} 3x - 4 \leq x \\ 2x - 3 \leq 3x - 5 \end{cases}$
(2) $\begin{cases} 4 - 2(x + 1) > x - 13 \\ 2x - 3 \geq x + 2 \end{cases}$

08 연립부등식 $\begin{cases} 2x+3 > 3x+a \\ 3x-2 < 4x-b \end{cases}$ 의 해가 $-3 < x < 2$일 때, 상수 a, b에 대하여 $a+b$의 값을 구하시오.

09 연립부등식 $\begin{cases} 4x+1 \le 3x-2 \\ x+a > 2 \end{cases}$ 가 해를 갖지 않도록 하는 실수 a의 최댓값을 구하시오.

10 연립부등식 $\begin{cases} 5(x-3) > 2x-3 \\ 3x-7 \le x-k \end{cases}$ 를 만족하는 정수 x가 1개일 때, 실수 k의 값의 범위를 구하시오.

11 다음 부등식을 푸시오.

(1) $|x-2| < 3$ (2) $|x-2| > 3$ (3) $3 < |x-2| < 4$

12 다음 부등식을 푸시오.

(1) $|x-1| < 2x-5$ (2) $|2x+1| > 4x-1$

13 부등식 $|x-7|+|x-9| < 20$을 만족시키는 정수 x의 최댓값과 최솟값의 차를 구하시오.

14 한 자루에 200원인 연필과 한 자루에 1000원인 볼펜을 섞어서 10자루를 사려고 한다. 전체 금액이 5200원 이상 6800원 이하가 되도록 할 때, 살 수 있는 연필의 최대 개수를 구하시오.

P A R T

02

이차부등식

1 이차부등식의 해법
2 이차부등식과 이차함수의 그래프
3 연립이차부등식
4 이차방정식의 실근의 조건
◆ 반복 학습 기록란
◆ 단원 점검문제

01 이차부등식의 해법

1 이차부등식의 기본 해법

첫째, 인수분해한다.

둘째, 인수분해가 불가능하면 판별식 D의 부호를 조사한다.

[1] 판별식 $D>0$일 때 $(a>0,\ \alpha<\beta)$

   (1) $a(x-\alpha)(x-\beta)>0$의 해

      → x는 작은 것보다 작거나 큰 것보다 크다.

      → $x<\alpha,\ x>\beta$

   (2) $a(x-\alpha)(x-\beta)<0$의 해

      → x는 작은 것보다 크고 큰 것보다 작다.

      → $\alpha<x<\beta$

[2] 판별식 $D=0$일 때 $(a>0)$

   (1) $a(x-\alpha)^2>0$의 해 → $x\neq\alpha$인 모든 실수

   (2) $a(x-\alpha)^2\geq0$의 해 → x는 모든 실수

   (3) $a(x-\alpha)^2<0$의 해 → 해는 없다.

   (4) $a(x-\alpha)^2\leq0$의 해 → $x=\alpha$

[3] 판별식 $D<0$일 때 $(a>0)$

   (1) $a(x-m)^2+n\geq0$의 해 → x는 모든 실수

   (2) $a(x-m)^2+n\leq0$의 해 → 해는 없다.

강의 이차부등식의 해법(Ⅰ)

→ 우선 인수분해부터 해봐라!

① 인수분해

② 판별식
- $D>0$ → 근의 공식 이용
- $D<0$ → 완전제곱 이용

→ 이차항의 계수를 양수로 하고 실수의 계수 범위에서 인수분해하여 푼다.

   (1) $a(x-\alpha)(x-\beta)>0\ (a>0)$

      → x는 작은 놈보다 작거나 큰 놈보다 크다.

      → 해 $x<\alpha$ 또는 $x>\beta$

   (2) $a(x-\alpha)(x-\beta)<0\ (a>0)$

      → x는 작은 놈보다 크고 큰 놈보다 작다.

      → x는 작은 놈과 큰 놈 사이다.

      → 해 $\alpha<x<\beta$

다음 이차부등식을 푸시오.

(1) $x^2 - 2x - 3 > 0$ (2) $2x^2 - 3x - 2 \leq 0$

탐구   이차항의 계수를 양수로 하고 먼저 실수의 계수 범위에서 인수분해되는지 살펴보자.

풀이   **1st** 이차식을 인수분해하고 부등식의 해를 구하면

(1) $(x-3)(x+1) > 0$

$\therefore x < -1$ 또는 $x > 3$

(2) $(2x+1)(x-2) \leq 0$

$\therefore -\dfrac{1}{2} \leq x \leq 2$

정답   (1) $x < -1$ 또는 $x > 3$ (2) $-\dfrac{1}{2} \leq x \leq 2$

강의 **이차부등식의 해법(II)**

➡ 완전제곱으로 인수분해되는 경우이다!

① 인수분해

② 판별식 $\begin{cases} D > 0 \to \text{근의 공식 이용} \\ D < 0 \to \text{완전제곱 이용} \end{cases}$

➡ 완전제곱꼴로 인수분해되는 경우에는 $(\text{모든 실수})^2 \geq 0$임을 이용한다.

이차식 $f(x) = x^2 - 2\sqrt{3}\,x + 3$일 때, 다음 부등식을 푸시오.

(1) $f(x) \geq 0$ (2) $f(x) > 0$ (3) $f(x) \leq 0$ (4) $f(x) < 0$

탐구   완전제곱꼴로 인수분해되는 경우에는 $(\text{모든 실수})^2 \geq 0$임을 이용한다.

풀이   **1st** $f(x) = (x - \sqrt{3})^2$으로 인수분해되므로 각각의 부등식을 풀면

(1) $f(x) = (x - \sqrt{3})^2 \geq 0$ $\therefore x$는 모든 실수

(2) $f(x) = (x - \sqrt{3})^2 > 0$ $\therefore x \neq \sqrt{3}$인 모든 실수

(3) $f(x) = (x - \sqrt{3})^2 \leq 0$ $\therefore x = \sqrt{3}$

(4) $f(x) = (x - \sqrt{3})^2 < 0$ $\therefore$ 해는 없다.

정답   (1) x는 모든 실수   (2) $x \neq \sqrt{3}$인 모든 실수   (3) $x = \sqrt{3}$ (4) 해는 없다.

→ 근의 공식을 이용하여 두 근을 구한다!

① 인수분해

② 판별식 $\begin{cases} D > 0 \rightarrow \text{근의 공식 이용} \\ D < 0 \rightarrow \text{완전제곱 이용} \end{cases}$

→ 인수분해가 되지 않고 $D > 0$일 때는 근의 공식을 이용하여 두 근 α, β을 구한다.

① $x = \dfrac{-b \pm \sqrt{b^2 - 4ac}}{2a}$ (홀수 공식)

② $x = \dfrac{-b' \pm \sqrt{b'^2 - ac}}{a}$ (짝수 공식)

기 | 본 | 예 | 제 03

다음 이차부등식을 푸시오.

(1) $x^2 - 6x + 7 \geq 0$

(2) $2x^2 - 3x - 1 < 0$

탐구 인수분해가 안되고 $D > 0$일 때는 근의 공식을 이용하여 두 근을 구한다.

풀이 (1) **1st** $D/4 = 3^2 - 1 \times 7 = 2 > 0$이므로 근의 공식을 이용하여 근을 구하면

$$x = 3 \pm \sqrt{9 - 7} = 3 \pm \sqrt{2}$$

$$\therefore \alpha = 3 - \sqrt{2}, \ \beta = 3 + \sqrt{2}$$

2nd 두 근을 이용하여 부등식을 풀면

$$x \leq 3 - \sqrt{2} \ \text{또는} \ x \geq 3 + \sqrt{2}$$

(2) **1st** $D = 9 - 4 \times 2 \times (-1) = 17 > 0$이므로 근의 공식을 이용하여 근을 구하면

$$x = \frac{3 \pm \sqrt{9 + 8}}{4} = \frac{3 \pm \sqrt{17}}{4}$$

$$\therefore \alpha = \frac{3 - \sqrt{17}}{4}, \ \beta = \frac{3 + \sqrt{17}}{4}$$

2nd 두 근을 이용하여 부등식을 풀면

$$\frac{3 - \sqrt{17}}{4} < x < \frac{3 + \sqrt{17}}{4}$$

✔ 정답 (1) $x \leq 3 - \sqrt{2}$ 또는 $x \geq 3 + \sqrt{2}$ (2) $\dfrac{3 - \sqrt{17}}{4} < x < \dfrac{3 + \sqrt{17}}{4}$

➡ 완전계곱꼴로 변형하여 판단한다!

① 인수분해

② 판별식 $\begin{cases} D>0 \to \text{근의 공식 이용} \\ D<0 \to \text{완전계곱 이용} \end{cases}$

➡ 인수분해가 되지 않고 $D<0$일 때는 완전계곱꼴로 변형하여 (모든 실수)$^2 \geq 0$임을 이용하여 판단한다.

기 | 본 | 예 | 제 04

$f(x) = x^2+6x+12$일 때, 다음 부등식을 푸시오.

(1) $f(x) \geq 0$ (2) $f(x) > 0$ (3) $f(x) \leq 0$ (4) $f(x) < 0$

탐구   (모든 실수)$^2 \geq 0 \Rightarrow$ (모든 실수)$^2 + k \geq k$

풀이   **1st** $f(x)$가 인수분해되지 않고 $D/4 = 9-12 = -3 < 0$이므로 완전계곱꼴로 변형하면

$$f(x) = (x+3)^2 + 3$$

2nd 완전계곱꼴의 식을 이용하여 부등식을 풀면

(1) $f(x) = (x+3)^2 + 3 \geq 0$ (당연) $\therefore$ x는 모든 실수

(2) $f(x) = (x+3)^2 + 3 > 0$ (당연) $\therefore$ x는 모든 실수

(3) $f(x) = (x+3)^2 + 3 \leq 0$ (전혀) $\therefore$ 해는 없다.

(4) $f(x) = (x+3)^2 + 3 < 0$ (전혀) $\therefore$ 해는 없다.

정답   (1) x는 모든 실수   (2) x는 모든 실수   (3) 해는 없다.   (4) 해는 없다.

MEMO

기 | 본 | 예 | 제 **05**

오른쪽 그림과 같이 가로 $15\,\mathrm{m}$, 세로 $10\,\mathrm{m}$인 직사각형 모양의 잔디밭에 일정한 폭의 길을 만들었다. 길을 제외한 잔디밭의 넓이가 $50\,\mathrm{m}^2$ 이상이 되도록 할 때, 길의 최대폭을 구하시오.

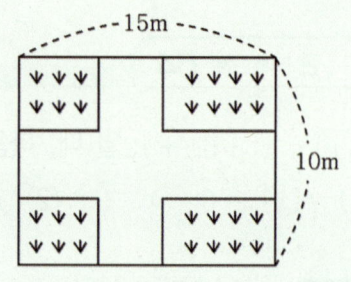

탐구 구하려고 하는 길의 폭을 x라 놓고 식을 세워 계산한다.

풀이 **1st** 길의 폭을 x라 하면

길을 제외하고 남은 잔디밭의 가로의 길이가 $(15-x)\,\mathrm{m}$이고

세로의 길이가 $(10-x)\,\mathrm{m}$이다.

2nd 길을 제외한 잔디밭의 넓이를 구하면

$(15-x)(10-x)\,\mathrm{m}^2$

3rd 주어진 조건을 식으로 나타내면

$(15-x)(10-x) \geq 50$

$x^2 - 25x + 100 \geq 0$

$(x-20)(x-5) \geq 0$

$\therefore\ x \leq 5$ 또는 $x \geq 20$ ······①

4th x는 길의 폭이므로

$0 < x < 10$ ······②

5th ①, ②의 공통 범위를 구하면

$0 < x \leq 5$

따라서 길의 최대 폭은 $5\,\mathrm{m}$이다.

정답 $5\,\mathrm{m}$

2 문자계수를 포함한 이차부등식

→ 가능한 모든 경우로 분리하여 푼다.

[1] 양 · 음으로 분리하는 방법
(1) $a > 0$　　　　　(2) $a < 0$　　　　　(3) $a = 0$

[2] 대 · 소로 분리하는 방법
(1) $\alpha > \beta$　　　　　(2) $\alpha < \beta$　　　　　(3) $\alpha = \beta$

강의　**문자계수를 포함한 이차부등식**

→ 가능한 모든 경우로 분리하여 푼다!

(1) 양 · 음으로 분리하는 방법

　① $a > 0$　　　　　② $a < 0$　　　　　③ $a = 0$

주의 음수를 곱하거나 나눌 때, 부등호 방향이 바뀐다.

(2) 대 · 소로 분리하는 방법

　① $\alpha > \beta$　　　　　② $\alpha < \beta$　　　　　③ $\alpha = \beta$

기|본|예|제 **06**

$a > 0$일 때, 부등식 $ax^2 - (a+1)x + 1 < 0$을 푸시오.

탐구　문자계수를 포함하고 있을 때는 가능한 모든 경우로 분리하여 푼다.

풀이　**1st** 좌변을 인수분해하면

$$ax^2 - ax - x + 1 < 0 \qquad ax(x-1) - (x-1) < 0$$
$$(x-1)(ax-1) < 0$$

2nd 각 경우로 나누어 해를 구하면

　ⅰ) $0 < a < 1$일 때, $\dfrac{1}{a} > 1$이므로 $1 < x < \dfrac{1}{a}$

　ⅱ) $a = 1$일 때, $(x-1)^2 < 0$이므로 해는 없다.

　ⅲ) $a > 1$일 때, $\dfrac{1}{a} < 1$이므로 $\dfrac{1}{a} < x < 1$

정답　ⅰ) $0 < a < 1$일 때, $1 < x < \dfrac{1}{a}$

　ⅱ) $a = 1$일 때, 해는 없다.

　ⅲ) $a > 1$일 때, $\dfrac{1}{a} < x < 1$

3 절댓값을 포함한 이차부등식의 해법

첫째, (절댓값 안)$=0$이 되는 x의 값을 구한다.

둘째, 위에서 구한 x의 값을 경계로 하여 구간을 나눈다.

셋째, 위에서 정한 구간에서 절댓값 기호를 없애고 해를 구한다.

강의 **절댓값 이차부등식**

→ 먼저 공식을 이용하고 안 되면 구간을 분리하여 푼다!

① 공식 이용   ② 구간 분리

주의 모든 부등식의 선행 조치

→ 정리 $\begin{cases} ① \text{ 항상 } +\text{인 것 제거} \to \text{부등호 불변} \\ ② \text{ 항상 } -\text{인 것 제거} \to \text{부등호 변화} \end{cases}$ 0에 주의!

보기 $-(x-2)^2|x-3|(x-4)(x+2) > 0$의 해

→ 항상 ⊕, ⊖인 놈 제거 → 0일 때 주의!

$-(x-2)^2$, $|x-3|$을 제거하면

$(x-4)(x+2) < 0$, $x \neq 2$, $x \neq 3$

$-2 < x < 4$, $x \neq 2$, $x \neq 3$

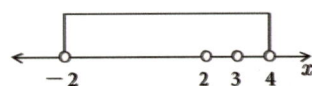

∴ $-2 < x < 2$, $2 < x < 3$, $3 < x < 4$

기 | 본 | 예 | 제 07

이차부등식 $x^2 + |x| - 2 < 0$을 푸시오.

탐구 $x^2 = |x|^2$이므로 $|x|$에 대한 식으로 바꾸어 푼다.

풀이 **1st** $x^2 = |x|^2$이므로 주어진 부등식을 $|x|$에 대한 식으로 변경하면

$|x|^2 + |x| - 2 < 0$ $(|x|+2)(|x|-1) < 0$

2nd $|x|+2 > 0$이 항상 성립하므로

$|x| - 1 < 0$ $|x| < 1$

∴ $-1 < x < 1$

정답 $-1 < x < 1$

다음 이차부등식을 푸시오.

(1) $x^2 - 2x - 3 > 3|x-1|$ (2) $x^2 - 4x + 2 < |x+2|$

탐구 (절댓값 안)$=0$이 되는 x의 값을 경계로 하여 구간을 나누고 해를 구한다.
① 구간의 해는 구간과 풀이의 공통 범위이다.
② 전체의 해는 각 구간들의 해의 합 범위이다.

풀이 (1) **1st** (절댓값 안)$=0$이 되는 x의 값을 구하면

$$x - 1 = 0 \qquad \therefore \ x = 1$$

2nd $x = 1$을 경계로 구간을 나누어 부등식을 풀면

ⅰ) $x < 1$일 때, $x^2 - 2x - 3 > -3x + 3$

$$x^2 + x - 6 > 0$$
$$(x+3)(x-2) > 0 \qquad \therefore \ x < -3 \ \text{또는} \ x > 2$$
$$x < 1 \text{이므로} \ x < -3$$

ⅱ) $x \geq 1$일 때, $x^2 - 2x - 3 > 3x - 3$

$$x^2 - 5x > 0$$
$$x(x-5) > 0 \qquad \therefore \ x < 0 \ \text{또는} \ x > 5$$
$$x \geq 1 \text{이므로} \ x > 5$$

3rd ⅰ), ⅱ)의 합 범위를 구하면

$$x < -3 \ \text{또는} \ x > 5$$

(2) **1st** (절댓값 안)$=0$이 되는 x의 값을 구하면

$$x + 2 = 0 \qquad \therefore \ x = -2$$

2nd $x = -2$를 경계로 구간을 나누어 부등식을 풀면

ⅰ) $x < -2$일 때, $x^2 - 4x + 2 < -x - 2$

$$x^2 - 3x + 4 < 0$$
$$\left(x^2 - 3x + \frac{9}{4}\right) - \frac{9}{4} + 4 < 0$$
$$\left(x - \frac{3}{2}\right)^2 + \frac{7}{4} < 0 \qquad \therefore \ \text{해가 없다.}$$

ⅱ) $x \geq -2$일 때, $x^2 - 4x + 2 < x + 2$

$$x^2 - 5x < 0$$
$$x(x-5) < 0 \qquad \therefore \ 0 < x < 5$$
$$x \geq -2 \text{이므로} \ 0 < x < 5$$

3rd ⅰ), ⅱ)의 합 범위를 구하면

$$0 < x < 5$$

정답 (1) $x < -3$ 또는 $x > 5$ (2) $0 < x < 5$

[1] $\alpha < x < \beta$가 주어지는 경우

➜ $(x-\alpha)(x-\beta) < 0$

➜ $x^2 - (\alpha+\beta)x + \alpha\beta < 0$

[2] $x < \alpha,\ x > \beta$가 주어지는 경우

➜ $(x-\alpha)(x-\beta) > 0$

➜ $x^2 - (\alpha+\beta)x + \alpha\beta > 0$

강의 **이차부등식의 작성**

➜ 주어진 해를 보고 결정한다!

① $\alpha < x < \beta \iff (x-\alpha)(x-\beta) < 0$

② $x < \alpha,\ x > \beta \iff (x-\alpha)(x-\beta) > 0$

기 | 본 | 예 | 제 09

이차부등식 $ax^2 + bx + 5 > 0$의 해집합이 $-2 < x < 5$일 때, 상수 $a,\ b$의 값을 구하시오.

탐구 해집합이 $\alpha < x < \beta$이면 부등식은 $a(x-\alpha)(x-\beta) < 0$ (단, $a > 0$)이다.

풀이 **1st** 최고차항의 계수를 1로 놓고 $-2 < x < 5$의 해를 갖는 부등식을 구하면

$(x+2)(x-5) < 0$

$x^2 - 3x - 10 < 0$

2nd 주어진 이차부등식과 부등호의 방향을 일치시키면

$-x^2 + 3x + 10 > 0$

3rd 주어진 부등식과 상수항을 일치시키면

$-\dfrac{1}{2}x^2 + \dfrac{3}{2}x + 5 > 0$

$\therefore\ a = -\dfrac{1}{2},\ b = \dfrac{3}{2}$

✓ 정답 $a = -\dfrac{1}{2},\ b = \dfrac{3}{2}$

이차부등식과 이차함수의 그래프

1 이차함수의 그래프와 이차부등식의 관계

[1] 부등식 $ax^2 + bx + c > 0 \, (a \neq 0)$의 해

➡ $y = ax^2 + bx + c \, (a \neq 0)$의 그래프가 x축의 위쪽에 있는 x의 값의 범위이다.

	$D > 0$	$D = 0$	$D < 0$
$a > 0$	$x < \alpha$ 또는 $x > \beta$	$-\dfrac{b}{2a}$ 이외의 모든 실수	모든 실수
$a < 0$	$\alpha < x < \beta$	해는 없다.	해는 없다.

[2] 부등식 $ax^2 + bx + c < 0 \, (a \neq 0)$의 해

➡ $y = ax^2 + bx + c \, (a \neq 0)$의 그래프가 x축의 아래쪽에 있는 x의 값의 범위이다.

	$D > 0$	$D = 0$	$D < 0$
$a > 0$	$\alpha < x < \beta$	해는 없다.	해는 없다.
$a < 0$	$x < \alpha$ 또는 $x > \beta$	$-\dfrac{b}{2a}$ 이외의 모든 실수	모든 실수

강의 **그래프에 의한 이차부등식의 해**

→ x축을 기준하여 상부, 하부로 판단한다!

① 이차식 > 0의 해

→ 그래프의 x축 상부인 x의 값의 범위

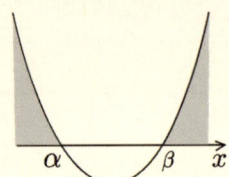

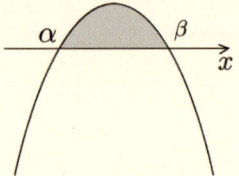

해 : $x < \alpha$ or $x > \beta$ 해 : $\alpha < x < \beta$

② 이차식 < 0의 해

→ 그래프의 x축 하부인 x의 값의 범위

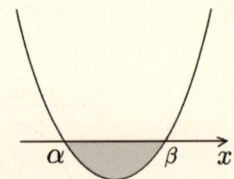

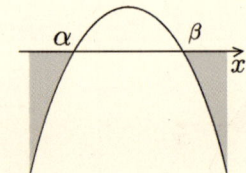

해 : $\alpha < x < \beta$ 해 : $x < \alpha$ or $x > \beta$

주의 부등식에서는 등호의 포함 여부에 주의해야 한다!

기 | 본 | 예 | 제 **10**

이차함수 $y = f(x)$의 그래프가 오른쪽 그림과 같을 때, $f(x) > 0$의 해를 구하시오.

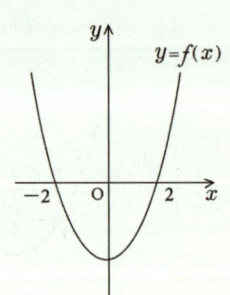

탐구 $f(x) > 0$의 해는 $y = f(x)$의 그래프가 x축 위쪽에 있는 x의 값의 범위이다.

풀이 ①st $f(x) > 0$의 해를 그래프를 이용하여 구하면

$x < -2$ 또는 $x > 2$

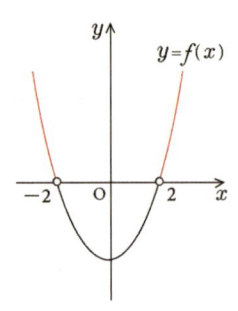

정답 $x < -2$ 또는 $x > 2$

이차함수 $y = f(x)$의 그래프와 직선 $y = g(x)$가 오른쪽
그림과 같을 때, $f(x)g(x) < 0$의 해를 구하시오.

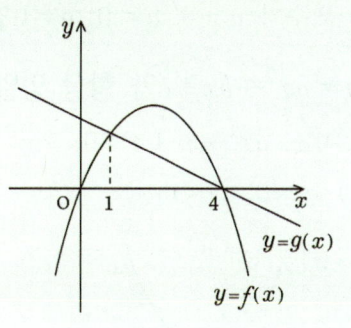

탐구 $f(x)g(x) < 0$의 해는 $f(x) > 0$, $g(x) < 0$이거나 $f(x) < 0$, $g(x) > 0$인 x의 값의 범위이다.

풀이   ①st $f(x)g(x) < 0$의 해를 그래프를 이용하여 구하면

     ⅰ) $f(x) > 0$, $g(x) < 0$인 경우

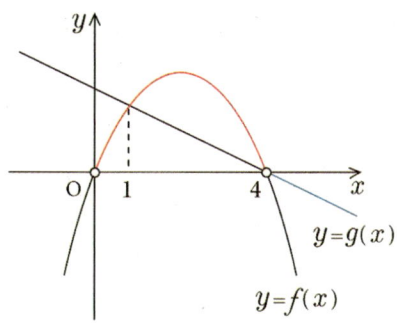

     $f(x) > 0$인 x의 값의 범위는 $0 < x < 4$ …… ①

     $g(x) < 0$인 x의 값의 범위는 $x > 4$ …… ②

     ①, ②의 공통 범위를 구하면 해가 없다.

     ⅱ) $f(x) < 0$, $g(x) > 0$인 경우

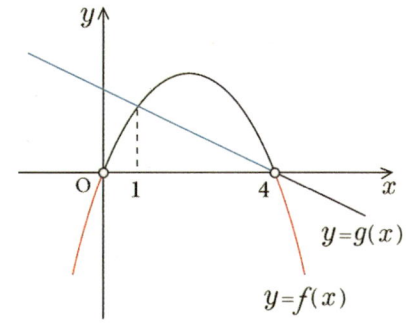

     $f(x) < 0$인 x의 값의 범위는 $x < 0$ 또는 $x > 4$ …… ③

     $g(x) > 0$인 x의 값의 범위는 $x < 4$ …… ④

     ③, ④의 공통 범위를 구하면 $x < 0$

   ②nd   ⅰ), ⅱ)의 합 범위를 구하면

     $x < 0$

정답 $x < 0$

2 부등식이 항상 성립할 조건

→ 계수가 $a>0$, $a<0$, $a=0$일 때로 분리한다.

[1] $y=ax^2+bx+c$가 항상 양일 조건

→ $\forall x$, $ax^2+bx+c>0$

(1) $a>0$, $D<0$

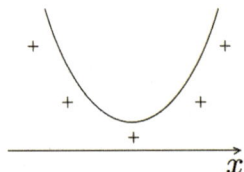

(2) $a=0$, $b=0$, $c>0$

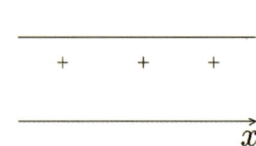

[2] $y=ax^2+bx+c$가 항상 음일 조건

→ $\forall x$, $ax^2+bx+c<0$

(1) $a<0$, $D<0$

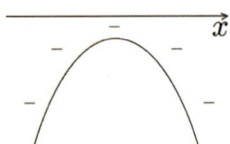

(2) $a=0$, $b=0$, $c<0$

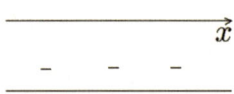

체크 모든 실수 x에 대하여 $ax^2+bx+c \geq 0$가 항상 성립할 조건

① $a>0$, $D \leq 0$

② $a=0$, $b=0$, $c \geq 0$

◢ MEMO

강의 부등식이 항상 성립할 조건

→ 꼴잡이 a와 판별식 D의 조건을 이용한다!

(1) $\forall x,\ ax^2+bx+c>0$ (항상 성립)

① $a>0,\ D<0$ ② $a=0,\ b=0,\ c>0$

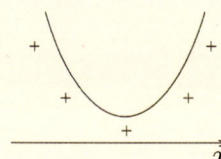 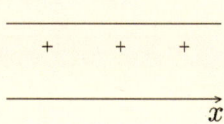

(2) $\forall x,\ ax^2+bx+c<0$ (항상 성립)

① $a<0,\ D<0$ ② $a=0,\ b=0,\ c<0$

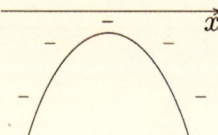

주의 모든 x에 대하여 $ax^2+bx+c\geq0$ → 등호 주의!

① $a>0,\ D\leq0$ ② $a=0,\ b=0,\ c\geq0$

기|본|예|제 12

모든 실수 x에 대하여 이차식 $x^2+ax-2a$가 -5보다 크기 위한 상수 a의 값의 범위를 구하시오.

탐구 이차식 >0(항상 성립) → $D<0\ (a>0)$

풀이 (1st) $x^2+ax-2a>-5$를 정리하면

$x^2+ax-2a+5>0$ …… ①

(2nd) ①이 모든 실수 x에 대하여 성립하므로

$x^2+ax-2a+5=0$에서 $D<0$이어야 한다.

(3rd) 판별식을 구하면

$$D=a^2-4(-2a+5)$$
$$=a^2+8a-20$$
$$=(a-2)(a+10)<0$$
$$\therefore\ -10<a<2$$

정답 $-10<a<2$

모든 실수 x에 대하여 부등식 $(m-1)x^2+4(m-1)x+4>0$이 성립하도록 하는 상수 m의 값의 범위를 구하시오.

탐구   모든 실수 x에 대하여 $ax^2+bx+c>0$이 성립할 조건

        ① $a>0$, $D<0$ ② $a=0$, $b=0$, $c>0$

풀이   (1st) 문자계수의 경우를 분리하여 부등식을 풀면

        ⅰ) $m \neq 1$일 때

           $m-1>0$ $\therefore\ m>1$ $\cdots\cdots$ ①

           $D/4=4(m-1)^2-4(m-1)=4(m-1)(m-2)<0$

              $\therefore\ 1<m<2$ $\cdots\cdots$ ②

           ①, ②의 공통 범위를 구하면 $1<m<2$

        ⅱ) $m=1$일 때

           $4>0$은 항상 성립 $\therefore\ m=1$

      (2nd) ⅰ), ⅱ)의 합 범위를 구하면

        $1 \leq m<2$

정답 $1 \leq m<2$

이차부등식 $ax^2+6x+a>0$이 해를 가지게 하는 상수 a의 값의 범위를 구하시오.

탐구 $a>0$와 $a<0$로 구분하여 조건에 맞게 a의 범위를 구한다.

풀이   (1st) 이차부등식이므로

      $a \neq 0$

      (2nd) 문자계수의 경우를 분리하여 부등식을 풀면

        ⅰ) $a>0$일 때, 이차부등식이 항상 해를 가진다.

        ⅱ) $a<0$일 때, 이차부등식이 해를 가지려면 $ax^2+6x+a=0$이 서로 다른 두 실근을

           가져야 하므로

           $D/4=9-a^2>0$ $a^2-9<0$ $(a+3)(a-3)<0$

              $\therefore\ -3<a<3$

           $a<0$이므로 $-3<a<0$

      (3rd) ⅰ), ⅱ)의 합 범위를 구하면

        $-3<a<0$ 또는 $a>0$

정답 $-3<a<0$ 또는 $a>0$

기 | 본 | 예 | 제 15

이차부등식 $x^2 - 4x + a^2 - 1 < 0$이 $0 \le x \le 3$에서 항상 성립하도록 하는 상수 a의 값의 범위를 구하시오.

탐구 주어진 범위에서 (최댓값)< 0이 되도록 a의 값의 범위를 구한다.

풀이 ①st 좌변의 식을 $f(x)$라 놓고 정리하면

$$f(x) = x^2 - 4x + a^2 - 1$$
$$= (x^2 - 4x + 4) + a^2 - 5$$
$$= (x-2)^2 + a^2 - 5$$

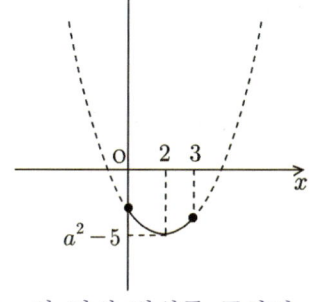

②nd $0 \le x \le 3$에서 부등식을 만족하도록 그래프를 그리면 오른쪽 그림과 같다.

③rd 주어진 범위에서 $x = 0$일 때 최댓값 $a^2 - 1$을 가지므로 a의 값의 범위를 구하면

$$a^2 - 1 < 0 \qquad (a-1)(a+1) < 0 \qquad \therefore \ -1 < a < 1$$

정답 $-1 < a < 1$

기 | 본 | 예 | 제 16

$-1 \le x \le 1$에서 이차부등식 $x^2 + (a-2)x - 2a \le 0$이 항상 성립하도록 하는 상수 a의 값의 범위를 구하시오.

탐구 최댓값을 모르면 경계값을 조사한다.

풀이 ①st $f(x) = x^2 + (a-2)x - 2a$가 $-1 \le x \le 1$에서 항상 $f(x) \le 0$이 성립하려면

$$f(-1) = 1 - a + 2 - 2a = -3a + 3 \le 0 \qquad \therefore \ a \ge 1 \quad \cdots\cdots ①$$
$$f(1) = 1 + a - 2 - 2a = -a - 1 \le 0 \qquad \therefore \ a \ge -1 \quad \cdots\cdots ②$$

②nd ①, ②의 공통 범위를 구하면

$$a \ge 1$$

정답 $a \ge 1$

03 연립이차부등식

1 연립이차부등식

[1] 연립부등식의 기본 해법

첫째, 각 부등식을 푼다.

둘째, 해를 수직선에 나타낸다.

셋째, x의 값의 공통 범위를 구한다.

[2] 부등식 $A < B < C$의 해법

첫째, $A < B$, $B < C$의 해를 구한다.

둘째, 구한 해를 수직선 위에 나타낸다.

셋째, 동시에 만족한 x의 값의 범위를 구한다.

[3] 등식과 부등식의 연립

첫째, 등식을 한 문자에 대하여 정리한다.

둘째, 정리한 문자의 식을 부등식에 대입한다.

셋째, 원하는 문자의 범위를 구한다.

체크 등식과 부등식의 연립

➡ 등식을 한 문자에 관하여 정리 ➡ 부등식에 대입

보기 $2x + y = 1$과 $-1 \leq x - y \leq 1$을 동시에 만족시키는 x의 값의 범위 구하기

→ $y = 1 - 2x$를 부등식에 대입

→ $-1 \leq x - (1 - 2x) \leq 1$

→ $-1 \leq 3x - 1 \leq 1$

→ $0 \leq 3x \leq 2$

∴ $0 \leq x \leq \dfrac{2}{3}$

강의 **부등식과 부등식의 연립**

→ 두 부등식의 공통 범위를 구한다.

→ 연립성, 동시성 → and → 공통 범위

→ 각 부등식을 푼 후 수직선 위에 도시하여 공통 범위를 구한다.

기|본|예|제 **17**

다음 연립부등식을 푸시오.

$$\begin{cases} 2x^2 - 5x + 2 \geq 0 \\ 2x^2 - 3x - 5 \leq 0 \end{cases}$$

탐구 부등식 풀기 → 수직선에 도시 → 공통 범위

풀이 **1st** 각 부등식을 풀면

i) $2x^2 - 5x + 2 \geq 0$ $(2x-1)(x-2) \geq 0$

$\therefore x \geq 2, x \leq \dfrac{1}{2}$ ······①

ii) $2x^2 - 3x - 5 \leq 0$ $(2x-5)(x+1) \leq 0$

$\therefore -1 \leq x \leq \dfrac{5}{2}$ ······②

2nd ①, ②를 수직선에 나타내고 공통 범위를 구하면

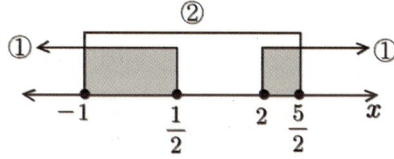

$\therefore -1 \leq x \leq \dfrac{1}{2}, \ 2 \leq x \leq \dfrac{5}{2}$

정답 $-1 \leq x \leq \dfrac{1}{2}$ 또는 $2 \leq x \leq \dfrac{5}{2}$

MEMO

다음 부등식을 푸시오.

$$x^2 - 3x + 2 < 2x^2 - x - 1 \leq 3x^2 - 2x - 3$$

탐구 $A < B < C$의 해법 → 연립부등식 $\begin{cases} A < B \\ B < C \end{cases}$ 로 바꾸어 연립부등식을 푼다.

풀이   **1st** 주어진 부등식을 연립부등식으로 바꾸어 풀면

     ⅰ) $x^2 - 3x + 2 < 2x^2 - x - 1$ $x^2 + 2x - 3 > 0$

     $(x+3)(x-1) > 0$ ∴ $x < -3$ 또는 $x > 1$ ……①

     ⅱ) $2x^2 - x - 1 \leq 3x^2 - 2x - 3$ $x^2 - x - 2 \geq 0$

     $(x-2)(x+1) \geq 0$ ∴ $x \leq -1$ 또는 $x \geq 2$ ……②

     2nd ①, ②를 수직선에 나타내고 공통 범위를 구하면

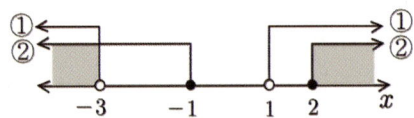

     ∴ $x < -3$ 또는 $x \geq 2$

정답 $x < -3$ 또는 $x \geq 2$

연립부등식 $\begin{cases} x^2 + x - 6 > 0 \\ x^2 - 3x - ax + 3a \leq 0 \end{cases}$ 의 해가 $2 < x \leq 3$일 때, 상수 a의 값의 범위를 구하시오.

탐구   각 부등식을 풀고 주어진 해와 공통 범위가 같아지도록 수직선 위에 나타낸다.

풀이   **1st** 각 부등식을 풀면

     $x^2 + x - 6 > 0$ $(x+3)(x-2) > 0$

     ∴ $x < -3$ 또는 $x > 2$ ……①

     $x^2 - 3x - ax + 3a \leq 0$ $x(x-3) - a(x-3) \leq 0$ $(x-a)(x-3) \leq 0$

     ⅰ) $a > 3$일 때, $3 \leq x \leq a$

     ⅱ) $a = 3$일 때, $x = 3$ ……②

     ⅲ) $a < 3$일 때, $a \leq x \leq 3$

     2nd ①, ②의 공통 범위가 $2 < x \leq 3$이 되려면 ②의 범위 중 ⅲ)이 적당하므로 수직선에 나타내면

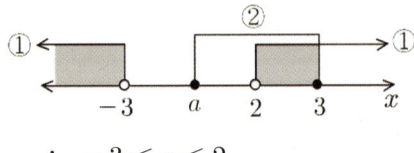

     ∴ $-3 \leq a \leq 2$

정답 $-3 \leq a \leq 2$

2 연립이차부등식의 응용

첫째, 구하는 것을 미지수로 설정한다.

둘째, 주어진 조건을 활용하여 식을 세운다.

셋째, 연립부등식을 풀어 원하는 미지수의 범위를 구한다.

> **강의 연립부등식의 응용문제**
>
> → 조건에 맞도록 미지수를 정한 후 연립방정식을 세운다!
>
> 첫째, 미지수 설정
>
> 둘째, 조건 이용 부등식 작성
>
> 셋째, 부등식 풀이 검산

기|본|예|제 20

둘레의 길이가 $32\,\text{cm}$인 직사각형 모양의 명함의 넓이가 $63\,\text{cm}^2$ 이상이 되도록 할 때, 짧은 변의 길이의 범위를 구하시오.

탐구 미지수 설정 → 부등식 작성 → 범위 구하기

풀이 **1st** 짧은 변의 길이를 x라 하면

긴 변의 길이는 $16-x$이다.

2nd $x < 16-x$에서 x의 값의 범위를 구하면

$x < 8$ ······①

3rd 주어진 조건을 이용하여 명함의 넓이를 구하면

$63 \le x(16-x)$

$x^2 - 16x + 63 \le 0$

$(x-7)(x-9) \le 0$

$\therefore 7 \le x \le 9$ ······②

4th ①, ②의 공통 범위를 구하면

$7 \le x < 8$

따라서 짧은 변의 길이는 $7\,\text{cm}$이상 $8\,\text{cm}$미만이다.

✔정답 $7\,\text{cm}$이상 $8\,\text{cm}$미만

04 이차방정식의 실근의 조건

1 이차방정식의 실근의 부호

→ 실계수 이차방정식 $ax^2+bx+c=0(a\neq0)$의 두 근을 α, β라 하면

[1] 두 근 모두 양(+)일 조건

(1) $\alpha+\beta>0$

(2) $\alpha\beta>0$

(3) $D\geq0$

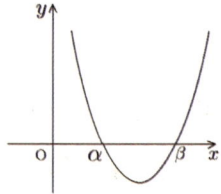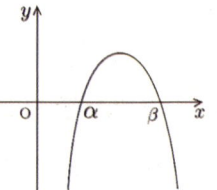

[2] 두 근 모두 음(−)일 조건

(1) $\alpha+\beta<0$

(2) $\alpha\beta>0$

(3) $D\geq0$

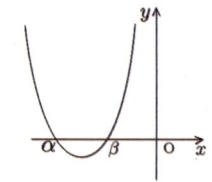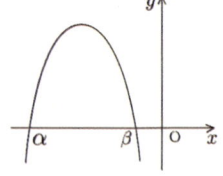

[3] 한 근 양(+), 한 근 영(0)일 조건

(1) $\alpha+\beta>0$

(2) $\alpha\beta=0$

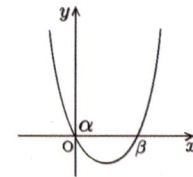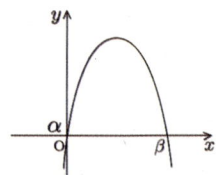

[4] 한 근 음(−), 한 근 영(0)일 조건

(1) $\alpha+\beta<0$

(2) $\alpha\beta=0$

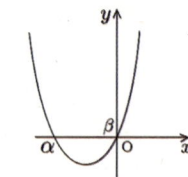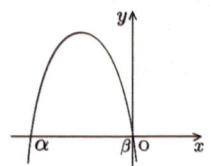

[5] 한 근 양(+), 한 근 음(−)일 조건

(1) $\alpha\beta<0$

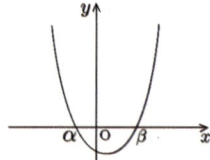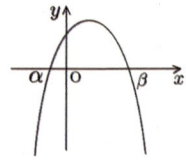

[6] 양근과 음근의 절댓값이 같을 조건

(1) $\alpha+\beta=0$

(2) $\alpha\beta<0$

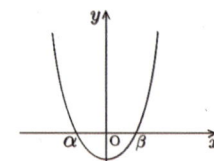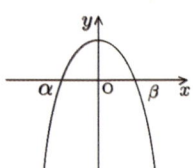

[7] 음근의 절댓값이 양근보다 클 조건

(1) $\alpha+\beta<0$

(2) $\alpha\beta<0$

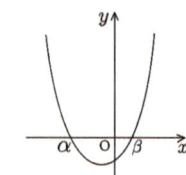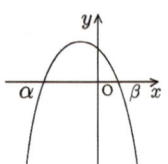

[8] 음근의 절댓값이 양근보다 작을 조건

(1) $\alpha+\beta>0$

(2) $\alpha\beta<0$

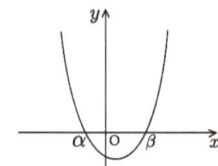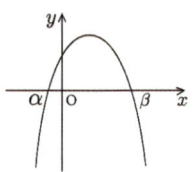

강의 실근의 부호 문제

→ 합과 곱과 판별식을 조사한다!

→ 조건에 맞도록 다음 세 가지를 조사한다.

① 두 근의 합 $\alpha + \beta = -\dfrac{b}{a}$

② 두 근의 곱 $\alpha\beta = \dfrac{c}{a}$ $\Big\}$ → 조사

③ 판별식 $D = b^2 - 4ac$

주의 판별식의 자동 성립

→ $\alpha\beta \le 0 \rightarrow \dfrac{c}{a} \le 0 \rightarrow ac \le 0 \rightarrow b^2 - 4ac \ge 0$

기 | 본 | 예 | 제 21

이차방정식 $x^2 + 2(k+1)x + 3 + 2k - k^2 = 0$이 서로 다른 부호의 실근을 갖고, 양의 근이 음의 근의 절댓값보다 클 때, 실수 k의 값의 범위를 구하시오.

탐구 두 근 α, β의 부호가 다르고, 양의 근이 음의 근의 절댓값보다 클 경우
① $\alpha + \beta > 0$
② $\alpha\beta < 0$
③ $D > 0$은 ②에 의해 자동 성립

풀이 ⑴ 이차방정식의 두 근 α, β에 대하여 두 근의 부호가 다르고, 양의 근이 음의 근의 절댓값보다 크므로
$\alpha + \beta > 0$, $\alpha\beta < 0$

⑵ $\alpha + \beta = -2(k+1) > 0$에서 k의 값의 범위를 구하면
$k < -1$ ......①

⑶ $\alpha\beta = 3 + 2k - k^2 < 0$에서 k의 값의 범위를 구하면
$k^2 - 2k - 3 > 0$ $(k-3)(k+1) > 0$
$k > 3$ 또는 $k < -1$ ......②

⑷ ①, ②를 동시에 만족하는 범위를 구하면
$k < -1$

정답 $k < -1$

2 이차방정식의 실근의 위치

첫째, 조건에 맞는 그래프를 그린다.

둘째, 판별식, 경계값에서의 y의 부호, 대칭축의 위치를 조사한다.

→ 이차방정식 $ax^2 + bx + c = 0\,(a > 0)$에서 두 근을 α, β라고 할 때

[1] 두 근이 모두 m보다 클 조건

(1) $D \geq 0$

(2) $f(m) > 0$

(3) $-\dfrac{b}{2a} > m$

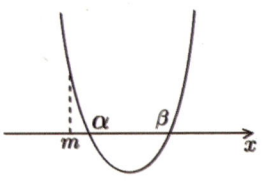

[2] 두 근이 모두 m보다 작을 조건

(1) $D \geq 0$

(2) $f(m) > 0$

(3) $-\dfrac{b}{2a} < m$

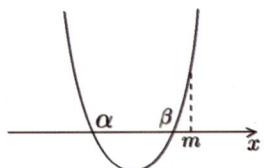

[3] 두 근이 m, n 사이에 있을 조건

(1) $D \geq 0$

(2) $f(m) > 0$, $f(n) > 0$

(3) $m < -\dfrac{b}{2a} < n$

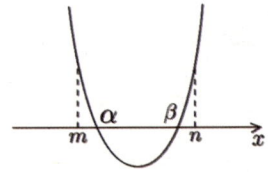

[4] 두 근 사이에 m이 있을 조건

→ $f(m) < 0$

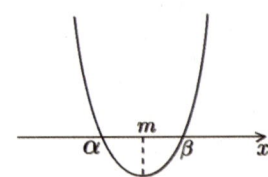

강의 실근의 위치 문제

→ 경계값과 대칭축과 판별식을 조사한다!

→ 그래프를 그린 후 다음 세 가지를 조사한다.

① 경계값   ② 대칭축   ③ 판별식

주의 $\alpha < m < \beta$의 조건

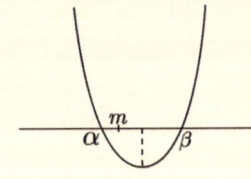

① 경계값 $f(m) < 0$

② 대칭축 $x = -\dfrac{b}{2a}$ (항상 성립 → 따질 필요가 없다)

③ 판별식 $D > 0$ (자동 성립 → 따질 필요가 없다)

이차방정식 $x^2 - 2(p-4)x + 16 = 0$의 두 근이 모두 2보다 클 때, 실수 p의 값의 범위를 구하시오.

탐구   ① 판별식   ② 대칭축   ③ 경계값을 조사한다.

풀이   **(1st)** $f(x) = x^2 - 2(p-4)x + 16$이라 하고 $f(x) = 0$의 근이 모두 2보다 클 조건을 구하면

i) $D/4 = (p-4)^2 - 16 = p^2 - 8p = p(p-8) \geq 0$

$\therefore\ p \leq 0$ 또는 $p \geq 8$ ······ ①

ii) 대칭축 $p - 4 > 2$

$\therefore\ p > 6$ ······ ②

iii) 경계값 $f(2) = 4 - 4(p-4) + 16 = -4p + 36 > 0$

$\therefore\ p < 9$ ······ ③

(2nd) ①, ②, ③의 공통 범위를 구하면

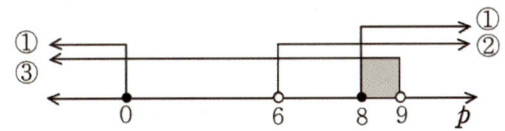

$\therefore\ 8 \leq p < 9$

✓ 정답 $8 \leq p < 9$

이차방정식 $x^2 + 2(k+1)x + k^2 - 2 = 0$의 두 근 사이에 -1이 있을 때, 실수 k의 값의 범위를 구하시오.

탐구   두 근 사이에 α가 있으면 $f(\alpha) < 0$이다.

풀이   **(1st)** $f(x) = x^2 + 2(k+1)x + k^2 - 2$이라 할 때, $f(x) = 0$의 두 근 사이에 -1이 있으려면 $f(-1) < 0$이다.

(2nd) $f(-1)$을 이용하여 실수 k의 값의 범위를 구하면

$f(-1) = 1 - 2(k+1) + k^2 - 2$

$= k^2 - 2k - 3$

$= (k-3)(k+1) < 0$

$\therefore\ -1 < k < 3$

✓ 정답 $-1 < k < 3$

반복 학습 기록란.

가장 좋은 학습 방법은 학교에서나 학원에서나 선생님의 강의를 열심히 듣고 여러 번 반복 학습하는 것입니다.
지금부터 당장 선생님의 강의를 열심히 듣고 반복! 반복하십시오. 그러면 곧 모든 과목에 자신이 생길 것입니다.

회수	시작이 반!			끝을 봐야!			확인
제1회	년	월	일부터	년	월	일까지	
제2회	년	월	일부터	년	월	일까지	
제3회	년	월	일부터	년	월	일까지	
제4회	년	월	일부터	년	월	일까지	
제5회	년	월	일부터	년	월	일까지	
제6회	년	월	일부터	년	월	일까지	
제7회	년	월	일부터	년	월	일까지	
제8회	년	월	일부터	년	월	일까지	
제9회	년	월	일부터	년	월	일까지	
제10회	년	월	일부터	년	월	일까지	

단원 점검문제

▶ 아무런 도움 없이 스스로 연습장에 풀어 단원에 대한 성취도를 평가하고 미흡한 점이 있으면 배운 부분을 다시 반복 학습하도록 하자.

01 다음 이차부등식을 푸시오.

(1) $x^2 - 2x - 3 > 0$ (2) $2x^2 - 3x - 2 \leq 0$

02 이차식 $f(x) = x^2 - 2\sqrt{3}\,x + 3$일 때, 다음 부등식을 푸시오.

(1) $f(x) \geq 0$ (2) $f(x) > 0$

(3) $f(x) \leq 0$ (4) $f(x) < 0$

03 다음 이차부등식을 푸시오.

(1) $x^2 - 6x + 7 \geq 0$ (2) $2x^2 - 3x - 1 < 0$

04 $f(x) = x^2 + 6x + 12$일 때, 다음 부등식을 푸시오.

(1) $f(x) \geq 0$ (2) $f(x) > 0$

(3) $f(x) \leq 0$ (4) $f(x) < 0$

05 오른쪽 그림과 같이 가로 $15\,\text{m}$, 세로 $10\,\text{m}$인 직사각형 모양의 잔디밭에 일정한 폭의 길을 만들었다. 길을 제외한 잔디밭의 넓이가 $50\,\text{m}^2$ 이상이 되도록 할 때, 길의 최대폭을 구하시오.

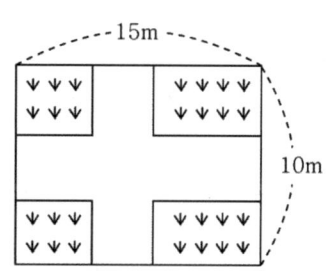

06 $a > 0$일 때, 부등식 $ax^2 - (a+1)x + 1 < 0$을 푸시오.

07 이차부등식 $x^2 + |x| - 2 < 0$을 푸시오.

08 다음 이차부등식을 푸시오.
(1) $x^2 - 2x - 3 > 3|x-1|$ (2) $x^2 - 4x + 2 < |x+2|$

09 이차부등식 $ax^2 + bx + 5 > 0$의 해집합이 $-2 < x < 5$일 때, 상수 a, b의 값을 구하시오.

10 이차함수 $y = f(x)$의 그래프가 오른쪽 그림과 같을 때, $f(x) > 0$의 해를 구하시오.

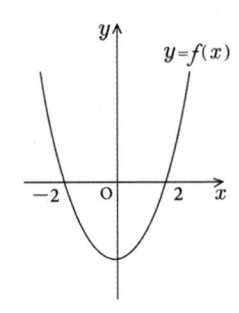

11 이차함수 $y = f(x)$의 그래프와 직선 $y = g(x)$가 오른쪽 그림과 같을 때, $f(x)g(x) < 0$의 해를 구하시오.

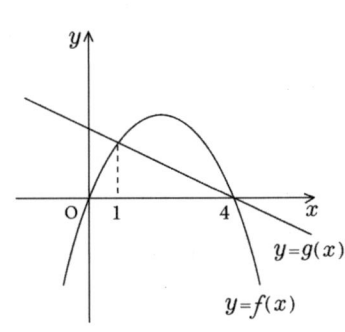

12 모든 실수 x에 대하여 이차식 $x^2 + ax - 2a$가 -5보다 크기 위한 상수 a의 값의 범위를 구하시오.

13 모든 실수 x에 대하여 부등식 $(m-1)x^2 + 4(m-1)x + 4 > 0$이 성립하도록 하는 상수 m의 값의 범위를 구하시오.

14 이차부등식 $ax^2 + 6x + a > 0$이 해를 가지게 하는 상수 a의 값의 범위를 구하시오.

15 이차부등식 $x^2 - 4x + a^2 - 1 < 0$이 $0 \leq x \leq 3$에서 항상 성립하도록 하는 상수 a의 값의 범위를 구하시오.

16 $-1 \leq x \leq 1$에서 이차부등식 $x^2 + (a-2)x - 2a \leq 0$이 항상 성립하도록 하는 상수 a의 값의 범위를 구하시오.

17 다음 연립부등식을 푸시오.
$$\begin{cases} 2x^2 - 5x + 2 \geq 0 \\ 2x^2 - 3x - 5 \leq 0 \end{cases}$$

18 다음 부등식을 푸시오.
$$x^2 - 3x + 2 < 2x^2 - x - 1 \leq 3x^2 - 2x - 3$$

19 연립부등식 $\begin{cases} x^2 + x - 6 > 0 \\ x^2 - 3x - ax + 3a \leq 0 \end{cases}$ 의 해가 $2 < x \leq 3$일 때, 상수 a의 값의 범위를 구하시오.

20 둘레의 길이가 $32\,\mathrm{cm}$인 직사각형 모양의 명함의 넓이가 $63\,\mathrm{cm}^2$ 이상이 되도록 할 때, 짧은 변의 길이의 범위를 구하시오.

21 이차방정식 $x^2 + 2(k+1)x + 3 + 2k - k^2 = 0$이 서로 다른 부호의 실근을 갖고, 양의 근이 음의 근의 절댓값보다 클 때, 실수 k의 값의 범위를 구하시오.

22 이차방정식 $x^2 - 2(p-4)x + 16 = 0$의 두 근이 모두 2보다 클 때, 실수 p의 값의 범위를 구하시오.

23 이차방정식 $x^2 + 2(k+1)x + k^2 - 2 = 0$의 두 근 사이에 -1이 있을 때, 실수 k의 값의 범위를 구하시오.

VI

경우의 수

경우의 수

1 경우의 수
◆ 반복 학습 기록란
◆ 단원 점검문제

01 경우의 수

1 합의 법칙과 곱의 법칙

[1] 합의 법칙

➔ 문장이나 수식이 「또는(or)」으로 연결될 때는 합의 법칙을 이용한다.

➔ 두 사건 A, B가 일어나는 경우의 수가 각각 a, b일 때, A 또는 B가 일어나는 경우의 수는

(1) 두 사건이 동시에 일어나지 않을 때

   $\rightarrow a+b$

(2) 두 사건이 동시에 일어나는 경우의 수가 c일 때

   $\rightarrow a+b-c$

[2] 곱의 법칙

➔ 문장이나 수식이 「그리고(and)」로 연결될 때는 곱의 법칙을 이용한다.

➔ 두 사건 A, B가 일어나는 경우의 수가 각각 a, b일 때, A와 B가 동시에 일어나는 경우의 수는

   $a \times b$

강의 경우의 수의 계산 방법

➔ 'or'로 연결되면 더하고 'and'로 연결되면 곱한다!

① or 법칙 → 단독성, 개별성 → 문장, 式: or 연결 → ＋(더한다)

② and 법칙 → 동시성, 연속성 → 문장, 式: and 연결 → ×(곱한다)

式(법 식)

강의 합사건의 경우의 수

➔ 'and'의 유무를 꼭 확인해야 한다!

➔ or 연결 → 합사건

➔ A의 경우의 수: m, B의 경우의 수: n, A, B 동시의 경우의 수: k

① and 無 → A 또는 B의 경우의 수＝$m+n$

② and 有 → A 또는 B의 경우의 수＝$m+n-k$

   주의 배수 문제

   ➔ and 有 → 최소공배수의 배수

有(있을 유)   無(없을 무)

주사위를 두 번 던져서 나온 눈의 수의 합이 3 또는 7이 되는 경우의 수를 구하시오.

탐구 「또는」이 나오는 사건의 경우의 수는 합의 법칙을 이용한다.

풀이 (1st) 주사위 눈의 수의 합이 3이 되는 경우의 수를 구하면

$(1, 2), (2, 1)$: 2

(2nd) 주사위 눈의 수의 합이 7이 되는 경우의 수를 구하면

$(1, 6), (2, 5), (3, 4), (4, 3), (5, 2), (6, 1)$: 6

(3rd) 구하는 경우의 수는

$2 + 6 = 8$

정답 8

---

n을 200 이하의 자연수라 할 때, 18 또는 24로 나누어떨어지는 n의 개수를 구하시오.

탐구 and 有 $\rightarrow m + n - k$

풀이 (1st) 18로 나누어떨어지는 수는 18의 배수이므로

200 이하의 자연수 중 18의 배수는 11개이다.

(2nd) 24로 나누어떨어지는 수는 24의 배수이므로

200 이하의 자연수 중 24의 배수는 8개이다.

(3rd) 18과 24로 동시에 나누어떨어지는 수는 두 수의 공배수이므로

두 수의 최소공배수인 72의 배수는 2개이다.

(4th) 18 또는 24로 나누어떨어지는 n의 개수를 구하면

$11 + 8 - 2 = 17$

정답 17

MEMO

기|본|예|제 **03**

1000원, 5000원, 10000원짜리의 지폐를 모두 사용하여 42000원을 지불하는 경우의 수를 구하시오. (단, 지폐는 총 15장 이하를 사용한다.)

탐구 $ax+by+cz=k$를 만족하는 양의 정수 $(x,\ y,\ z)$의 개수는 계수가 가장 큰 항을 기준으로 삼아 분류한다.

풀이

1st 사용한 지폐가 10000원짜리 x장, 5000원짜리 y장, 1000원짜리 z장이라 하면 각각의 지폐를 한 장 이상씩 사용해야 하고 총 15장이 넘지 않아야 하므로

$$3 \leq x+y+z \leq 15 \qquad \cdots\cdots ①$$

2nd 주어진 지폐로 42000원을 지불해야 하므로

$$10000x+5000y+1000z=42000$$

$$10x+5y+z=42 \ (단,\ x \geq 1,\ y \geq 1,\ z \geq 1) \qquad \cdots\cdots ②$$

3rd ②에서 $42-10x=5y+z$이므로

$$42-10x \geq 6$$

$$10x \leq 36 \qquad x \leq 3.6$$

$$\therefore x=1,\ x=2,\ x=3 \qquad \cdots\cdots ③$$

4th ①, ②, ③을 이용하여 표를 작성하면

x	1	1	2	2	3	3
y	5	6	3	4	1	2
z	7	2	7	2	7	2
$x+y+z$	13	9	12	8	11	7

따라서 구하는 경우의 수는 6가지이다.

정답 6

강의 **곱사건의 경우의 수**

→ 'and'로 연결되어 있다!

→ and 연결 → 곱사건

→ A의 경우의 수: m, B의 경우의 수: n

  → A, B 동시의 경우의 수: $m \times n$

주의 동시에 일어나는 경우와 연속적으로 일어나는 경우의 수는 같다.

기|본|예|제 **04**

오른쪽 그림과 같이 나누어진 5개의 영역에 서로 다른 4가지 색을 칠하려고 한다. 이때 같은 색을 중복해도 되지만 이웃하는 영역에는 서로 다른 색을 칠하는 경우의 수를 구하시오. (단, 각 영역에는 한 가지 색만 칠한다.)

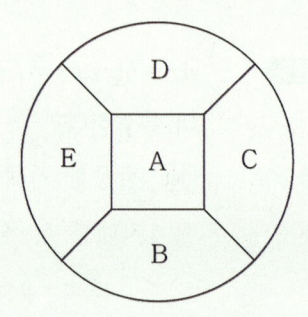

탐구 가장 많은 영역과 이웃하고 있는 A를 기준으로 색을 정한다.

풀이 (1st) 5개의 영역 중 가장 많은 영역과 이웃하고 있는 A를 기준으로 색을 칠하면

A에 칠할 수 있는 색은 4가지

B에 칠할 수 있는 색은 A에 칠한 색을 제외한 3가지

C에 칠할 수 있는 색은 A, B에 칠한 색을 제외한 2가지

D에 칠할 수 있는 색은 A, C에 칠한 색을 제외한 2가지

E에 칠할 수 있는 색은 ⅰ) B, D가 같은 색일 경우 2가지

ⅱ) B, D가 다른 색일 경우 1가지

$$2 + 1 = 3(가지)$$

(2nd) 구하는 경우의 수는

$$4 \times 3 \times 2 \times 2 \times 3 = 144$$

정답 144

기|본|예|제 05

오른쪽 그림을 보고 갑, 을 두 사람이 A에서 B까지 가는 경우의 수를 구하시오. (단, 한 사람이 통과한 중간 지점을 다른 사람이 통과할 수 없다.)

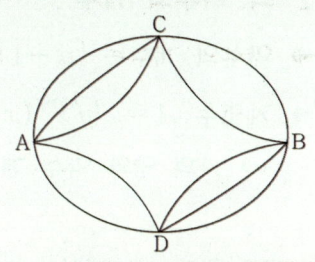

탐구 'or'는 단독성, 개별성을 지니고 'and'는 동시성, 연속성을 지니고 있다는 점에 주의!

풀이 **1st** 곱의 법칙에 의해 갑이 $A \to C \to B$, 을이 $A \to D \to B$로 가는 경우의 수를 구하면

$$(3 \times 2) \times (2 \times 3) = 36$$

2nd 곱의 법칙에 의해 갑이 $A \to D \to B$, 을이 $A \to C \to B$로 가는 경우의 수를 구하면

$$(2 \times 3) \times (3 \times 2) = 36$$

3rd 합의 법칙을 이용하여 경우의 수를 구하면

$$36 + 36 = 72$$

정답 72

기|본|예|제 06

다항식 $(a+b+c)(p+q+r) - (a+b)(s+t)$를 전개하면 생기는 항의 개수를 구하시오.

탐구 (m항식)$\times$(n항식)의 전개식의 항의 개수 : $m \times n$

풀이 **1st** $(a+b+c)(p+q+r)$를 전개한 항의 개수를 구하면

$$3 \times 3 = 9$$

2nd $(a+b)(s+t)$를 전개한 항의 개수를 구하면

$$2 \times 2 = 4$$

3rd 주어진 다항식을 전개하면 생기는 항의 개수를 구하면

$$9 + 4 = 13$$

정답 13

MEMO

2^n의 약수의 개수

→ 약수의 개수는 $(n+1)$개이다!

→ 자연수 $A = x^a y^b z^c$ (x, y, z: 서로소인 소수, a, b, c: 자연수)

  → A의 양의 약수 개수: $(a+1)(b+1)(c+1)$

주의 공약수의 개수 → 최대공약수의 약수의 개수

기|본|예|제 **07**

54의 양의 약수의 개수를 구하시오.

탐구 $x^a y^b z^c$의 양의 약수의 개수 → $(a+1)(b+1)(c+1)$

풀이 (1st) 54를 소인수분해하면

$$54 = 2 \times 3^3$$

(2nd) 2의 약수는 1, 2로 $1+1 = 2$(개)이고, 3^3의 약수는 1, 3, 3^2, 3^3으로 $3+1 = 4$(개)

이므로 54의 약수의 개수를 구하면

$$(1+1) \times (3+1) = 2 \times 4 = 8$$

정답 8

기|본|예|제 **08**

250과 400의 양의 공약수의 개수를 구하시오.

탐구 공약수는 최대공약수의 약수와 같다.

풀이 (1st) 250과 400의 공약수는 두 수의 최대공약수인 50의 약수이므로 50을 소인수분해하면

$$50 = 2 \times 5^2$$

(2nd) 2의 약수는 1, 2로 $1+1 = 2$(개)이고, 5^2의 약수는 1, 5, 5^2으로 $2+1 = 3$(개)이므로

50의 약수의 개수를 구하면

$$(1+1) \times (2+1) = 2 \times 3 = 6$$

정답 6

2 지불 방법의 수와 지불 금액의 수

[1] 저액권 몇 장의 합이 고액권과 일치하지 않는 경우

➜ 지불 방법의 수와 지불 금액의 수는 일치한다.

[2] 저액권 몇 장의 합이 고액권과 일치하는 경우

➜ 지불 방법의 수와 지불 금액의 수는 일치하지 않는다.

강의 | 지불 방법의 수와 지불 금액의 수

➜ 저액권의 합이 고액권이 되는지를 꼭 확인해야 한다!

➜ (지불 방법의 가짓수) ≥ (지불 금액의 가짓수)

Case 1 저액권(+) ≠ 고액권

→ (지불 방법의 가짓수) = (지불 금액의 가짓수)

Case 2 저액권(+) = 고액권

→ (지불 방법의 가짓수) > (지불 금액의 가짓수)

주의 저액권의 합이 고액권이 될 때에는 지불 금액의 가짓수는 고액권을 저액권으로 환산하여 구한다.

기 | 본 | 예 | 제 09

500원짜리 동전 4개와 100원짜리 동전 4개가 있을 때, 지불할 수 있는 방법의 수와 지불할 수 있는 금액의 수를 구하시오. (단, 0원을 지불하는 경우는 제외한다.)

탐구 동전 4개를 지불하는 방법은 0, 1, 2, 3, 4개를 지불하는 경우의 5가지이다.

풀이 **1st** 각각의 동전을 지불할 수 있는 방법의 수를 구하면

500원짜리 동전 4개 → 5가지

100원짜리 동전 4개 → 5가지

2nd 0원을 지불하는 경우는 제외하므로 지불할 수 있는 방법의 수를 구하면

$5 \times 5 - 1 = 24$

3rd 저액권을 이용하여 고액권을 만들 수 없으면 지불할 수 있는 금액의 수는 지불할 수 있는 방법의 수와 같으므로

지불할 수 있는 금액의 수는 24이다.

정답 지불할 수 있는 방법의 수: 24, 지불할 수 있는 금액의 수: 24

1000원짜리 지폐 1장, 500원짜리 동전 4개, 100원짜리 동전 3개, 10원짜리 동전 2개가 있을 때,
다음을 구하시오. (단, 0원을 지불하는 경우는 제외한다.)

(1) 지불할 수 있는 방법의 수

(2) 지불할 수 있는 금액의 수

탐구 ① 1000원권 1장을 지불하는 방법은 1장을 지불하는 경우와 지불하지 않는 경우의 2가지이다.

② 저액권의 합이 고액권이 될 때는 고액권을 저액권으로 환산하여 지불 방법의 수를 구한다.

풀이 (1) **1st** 각각의 지폐와 동전을 지불할 수 있는 방법의 수를 구하면

$$1000원짜리 지폐 1장 \quad \rightarrow \quad 2가지$$

$$500원짜리 동전 4개 \quad \rightarrow \quad 5가지$$

$$100원짜리 동전 3개 \quad \rightarrow \quad 4가지$$

$$10원짜리 동전 2개 \quad \rightarrow \quad 3가지$$

2nd 0원을 지불하는 경우는 제외하므로 지불할 수 있는 방법의 수를 구하면

$$2 \times 5 \times 4 \times 3 - 1 = 119$$

(2) **1st** 500원 4개는 고액권 1000원이 될 수 있으므로 1000원짜리 지폐를 500원짜리
동전으로 환산하여 지불할 수 있는 금액의 수를 구하면

$$500원짜리 동전 6개 \quad \rightarrow \quad 7가지$$

$$100원짜리 동전 3개 \quad \rightarrow \quad 4가지$$

$$10원짜리 동전 2개 \quad \rightarrow \quad 3가지$$

2nd 0원을 지불하는 경우는 제외하므로 지불할 수 있는 금액의 수를 구하면

$$7 \times 4 \times 3 - 1 = 83$$

정답 (1) 119 (2) 83

MEMO

반복 학습 기록란.

가장 좋은 학습 방법은 학교에서나 학원에서나 선생님의 강의를 열심히 듣고 여러 번 반복 학습하는 것입니다.
지금부터 당장 선생님의 강의를 열심히 듣고 반복! 반복하십시오. 그러면 곧 모든 과목에 자신이 생길 것입니다.

회수	시작이 반!			끝을 봐야!			확인
제1회	년	월	일부터	년	월	일까지	
제2회	년	월	일부터	년	월	일까지	
제3회	년	월	일부터	년	월	일까지	
제4회	년	월	일부터	년	월	일까지	
제5회	년	월	일부터	년	월	일까지	
제6회	년	월	일부터	년	월	일까지	
제7회	년	월	일부터	년	월	일까지	
제8회	년	월	일부터	년	월	일까지	
제9회	년	월	일부터	년	월	일까지	
제10회	년	월	일부터	년	월	일까지	

단원 점검문제

▶ 아무런 도움 없이 스스로 연습장에 풀어 단원에 대한 성취도를 평가하고 미흡한 점이 있으면 배운 부분을 다시 반복 학습하도록 하자.

01 주사위를 두 번 던져서 나온 눈의 수의 합이 3 또는 7이 되는 경우의 수를 구하시오.

02 n을 200 이하의 자연수라 할 때, 18 또는 24로 나누어떨어지는 n의 개수를 구하시오.

03 1000원, 5000원, 10000원짜리의 지폐를 모두 사용하여 42000원을 지불하는 경우의 수를 구하시오. (단, 지폐는 총 15장 이하를 사용한다.)

04 오른쪽 그림과 같이 나누어진 5개의 영역에 서로 다른 4가지 색을 칠하려고 한다. 이때 같은 색을 중복해도 되지만 이웃하는 영역에는 서로 다른 색을 칠하는 경우의 수를 구하시오. (단, 각 영역에는 한 가지 색만 칠한다.)

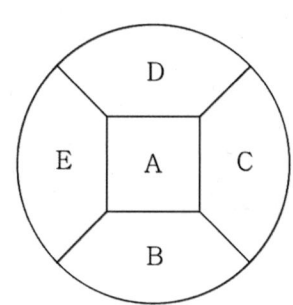

05 오른쪽 그림을 보고 갑, 을 두 사람이 A에서 B까지 가는 경우의 수를 구하시오. (단, 한 사람이 통과한 중간 지점을 다른 사람이 통과할 수 없다.)

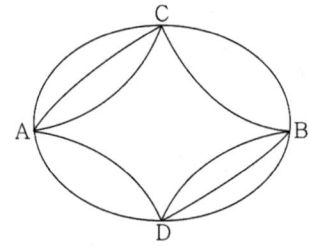

06 다항식 $(a+b+c)(p+q+r)-(a+b)(s+t)$를 전개하면 생기는 항의 개수를 구하시오.

07 54의 양의 약수의 개수를 구하시오.

08 250과 400의 양의 공약수의 개수를 구하시오.

09 500원짜리 동전 4개와 100원짜리 동전 4개가 있을 때, 지불할 수 있는 방법의 수와 지불할 수 있는 금액의 수를 구하시오. (단, 0원을 지불하는 경우는 제외한다.)

10 1000원짜리 지폐 1장, 500원짜리 동전 4개, 100원짜리 동전 3개, 10원짜리 동전 2개가 있을 때, 다음을 구하시오. (단, 0원을 지불하는 경우는 제외한다.)
(1) 지불할 수 있는 방법의 수
(2) 지불할 수 있는 금액의 수

P A R T

02

순열과 조합

명언

피할 수 없으면 즐겨라.
- 로버트 엘리엇 -

01 순열

1 순열의 정의와 순열의 수

[1] 순열의 정의

→ 서로 다른 n개 중에서 중복되지 않게 r개를 택하여 일렬로 배열하는 것을 n개에서 r개를 뽑는 **순열**이라 하고, 이 순열의 수를 기호로 $_n\mathrm{P}_r$로 나타낸다.

서로 다른 것의 개수 $\rightarrow {}_n\mathrm{P}_r \leftarrow$ 택하는 것의 개수

[2] 순열의 수

→ 서로 다른 n개에서 r개를 택하는 순열의 수 $_n\mathrm{P}_r$은

$$_n\mathrm{P}_r = \underbrace{n(n-1)(n-2)\times\cdots\times(n-r+1)}_{r\text{개}}\ (0 < r \leq n)$$

(1) $_n\mathrm{P}_n = n! = n(n-1)(n-2)(n-3)\times\cdots\times3\times2\times1$

(2) $_n\mathrm{P}_r = \dfrac{n!}{(n-r)!}$ (단, $0 \leq r \leq n$)

(3) $_n\mathrm{P}_0 = 1,\ 0! = 1,\ 1! = 1$

(4) $_n\mathrm{P}_r = n \times {}_{n-1}\mathrm{P}_{r-1}$

(5) $_n\mathrm{P}_r = (n-r+1) \times {}_n\mathrm{P}_{r-1}$

(6) $_n\mathrm{P}_r = r \times {}_{n-1}\mathrm{P}_{r-1} + {}_{n-1}\mathrm{P}_r$

강의 **순열의 수**

→ 순서가 구별되고 중복은 불허하는 경우의 수이다!

→ 순서 구별(○), 중복 허락(×) → 순열의 수

① $_n\mathrm{P}_r = n(n-1)(n-2)(n-3)\times\cdots\times(n-r+1)$ (단, $n \geq r$) $\begin{bmatrix} n:시작 \\ r:개수 \end{bmatrix}$

보기 $_5\mathrm{P}_3$은 5부터 거꾸로 3개의 숫자를 곱하는 것

→ $_5\mathrm{P}_3 = 5\times4\times3$

$_n\mathrm{P}_3$은 n부터 거꾸로 3개의 숫자를 곱하는 것

→ $_n\mathrm{P}_3 = n(n-1)(n-2)$

② $_n\mathrm{P}_n = n! = n(n-1)(n-2)(n-3)\times\cdots\times3\times2\times1$

주의 $_n\mathrm{P}_0 = 1,\ 0! = 1,\ 1! = 1,\ 5! = 120$은 꼭 기억해 두어라!

다음 등식을 만족하는 자연수 n 또는 r의 값을 구하시오.

(1) $_n\mathrm{P}_2 = 20$ (2) $_7\mathrm{P}_r = 210$

(3) $_{2n}\mathrm{P}_3 = 14 \times {}_n\mathrm{P}_3$ (4) $_5\mathrm{P}_r \times 4! = 1440$

탐구 서로 다른 n개에서 r개를 선택하는 순열의 수 $_n\mathrm{P}_r$은

$$_n\mathrm{P}_r = n(n-1)(n-2) \times \cdots \times (n-r+1) \quad (0 < r \le n)$$

풀이 (1) **1st** 좌변을 순열의 수로 나타내면

$$_n\mathrm{P}_2 = n(n-1) = 20$$

$$n(n-1) = 5 \times 4 \qquad \therefore \ n = 5$$

(2) **1st** 우변의 수를 7부터 거꾸로 곱해서 나타내면

$$210 = 7 \times 6 \times 5 \qquad \therefore \ r = 3$$

(3) **1st** 좌변과 우변을 각각 순열의 수로 나타내면

$$(\text{좌변}) = 2n(2n-1)(2n-2)$$
$$= 4n(2n-1)(n-1) \qquad \cdots\cdots ①$$
$$(\text{우변}) = 14n(n-1)(n-2) \qquad \cdots\cdots ②$$

2nd ① = ②이므로

$$4n(2n-1)(n-1) = 14n(n-1)(n-2)$$

3rd $n \ge 3$이므로 양변을 $2n(n-1)$로 나누면

$$2(2n-1) = 7(n-2)$$
$$4n - 2 = 7n - 14$$
$$-3n = -12$$
$$\therefore \ n = 4$$

(4) **1st** $4! = 4 \times 3 \times 2 \times 1 = 24$이므로 주어진 식의 양변을 24로 나누면

$$_5\mathrm{P}_r = 60$$

2nd 우변의 수를 5부터 거꾸로 곱해서 나타내면

$$60 = 5 \times 4 \times 3 \qquad \therefore \ r = 3$$

정답 (1) $n = 5$ (2) $r = 3$ (3) $n = 4$ (4) $r = 3$

순열의 수의 성질

→ $_n\mathrm{P}_r = n(n-1)(n-2)\times\cdots\times(n-r+1)$을 이용한다!

① $_n\mathrm{P}_r = \dfrac{n!}{(n-r)!}$ ← 공식 증명에 활용

② $_n\mathrm{P}_r = n\times\,_{n-1}\mathrm{P}_{r-1}$

③ $_n\mathrm{P}_r = (n-r+1)\times\,_n\mathrm{P}_{r-1}$

④ $_n\mathrm{P}_r = r\times\,_{n-1}\mathrm{P}_{r-1} + \,_{n-1}\mathrm{P}_r$

  증명 $r\times\,_{n-1}\mathrm{P}_{r-1} + \,_{n-1}\mathrm{P}_r = r\times\,_{n-1}\mathrm{P}_{r-1} + \,_{n-1}\mathrm{P}_{r-1}\times(n-r)$

  $= (r+n-r)\times\,_{n-1}\mathrm{P}_{r-1}$

  $= n\times\,_{n-1}\mathrm{P}_{r-1} = \,_n\mathrm{P}_r$

기|본|예|제 02

다음 중에서 $_n\mathrm{P}_r$의 성질에 맞지 않는 것을 고르시오.

① $_n\mathrm{P}_r = \dfrac{n!}{(n-r)!}$　　　　② $_n\mathrm{P}_r = n\times\,_{n-1}\mathrm{P}_{r-1}$

③ $_n\mathrm{P}_r = (n-r+1)\times\,_n\mathrm{P}_{r-1}$　　④ $_n\mathrm{P}_r = r\times\,_{n-1}\mathrm{P}_{r-1} + \,_{n-1}\mathrm{P}_r$

⑤ $_n\mathrm{P}_r = \,_{n-1}\mathrm{P}_{r-1} + \,_{n-1}\mathrm{P}_r$

탐구 ⅰ) $_n\mathrm{P}_r = \dfrac{n!}{(n-r)!}$ 을 이용하여 검증한다.

ⅱ) $_n\mathrm{P}_r = n(n-1)(n-2)\times\cdots\times(n-r+1)$을 이용하여 검증한다.

풀이 **1st** ⑤의 우변의 식을 정리하면

  (우변) $= \,_{n-1}\mathrm{P}_{r-1} + \,_{n-1}\mathrm{P}_r$

  $= \,_{n-1}\mathrm{P}_{r-1} + \,_{n-1}\mathrm{P}_{r-1}\times(n-r)$

  $= (n-r+1)\times\,_{n-1}\mathrm{P}_{r-1}$

2nd ⑤의 좌변의 식을 우변의 순열의 수가 나타나도록 정리하면

  (좌변) $= n\times\,_{n-1}\mathrm{P}_{r-1}$

3rd (우변) $\neq$ (좌변)이므로

  $_n\mathrm{P}_r$의 성질에 맞지 않는 것은 ⑤이다.

정답 ⑤

→ 순열의 수를 의미한다!

① n명 전체를 일렬로 배열 → $n!$

② n명 중 r명을 뽑아 일렬로 배열 → $_n\mathrm{P}_r$

기|본|예|제 03

7명의 학생이 있을 때, 다음을 구하시오.

(1) 7명의 학생을 일렬로 배열하는 경우의 수

(2) 7명 중 3명을 뽑아 일렬로 배열하는 경우의 수

탐구 ① n명을 일렬로 배열 → $n!$

② n명 중 r명을 뽑아서 일렬로 배열 → $_n\mathrm{P}_r$

풀이 (1) ⓐ 7명을 일렬로 배열하는 경우의 수를 구하면

$$7! = 7 \times 6 \times 5! = 42 \times 120 = 5040$$

(2) ⓐ 7명 중 3명을 뽑아서 일렬로 배열하는 경우의 수를 구하면

$$_7\mathrm{P}_3 = 7 \times 6 \times 5 = 210$$

정답 (1) 5040   (2) 210

기|본|예|제 04

1부터 5까지의 자연수를 일렬로 배열할 때, 양 끝에 짝수가 놓이도록 배열하는 경우의 수를 구하시오.

탐구 양 끝에 짝수를 먼저 배열한 후 나머지 수를 배열한다.

풀이 ⓐ 짝수가 2, 4로 2개이므로 짝수를 양 끝에 놓는 방법의 수를 구하면

$$2! = 2 \times 1 = 2$$

ⓑ 남은 3개의 수를 일렬로 배열하는 방법의 수를 구하면

$$3! = 3 \times 2 \times 1 = 6$$

ⓒ 구하는 경우의 수는

$$2 \times 6 = 12$$

정답 12

복잡한 사건의 경우의 수

→ 간단하게 계산하기 위해 여사건을 이용한다!

① 적어도　　　② not　　　③ 사건 복잡 → 여사건 이용

→ (구하는 경우의 수) = (모든 경우의 수) − (구하지 않는 경우의 수)

기 | 본 | 예 | 제 05

여학생 3명, 남학생 5명이 일렬로 줄을 설 때, 적어도 한쪽 끝에 남학생이 오는 경우의 수를 구하시오.

탐구　「적어도 ~」가 나오는 경우에는 여사건을 이용한다.

풀이　**1st** 8명의 학생이 일렬로 서는 경우의 수를 구하면

$$8! = 8 \times 7 \times 6 \times 5! = 8 \times 7 \times 6 \times 120 = 40320 \qquad \cdots\cdots ①$$

2nd 적어도 한쪽 끝에 남학생이 오는 경우의 여사건은 양쪽 끝에 모두 여학생이 오는 경우이므로 양쪽 끝에 모두 여학생이 오는 경우의 수를 구하면

$$_3P_2 \times 6! = (3 \times 2) \times (6 \times 5!) = 36 \times 120 = 4320 \qquad \cdots\cdots ②$$

3rd 적어도 한쪽 끝에 남학생이 오는 경우의 수는 ①−②이므로

$$40320 - 4320 = 36000$$

정답　36000

기 | 본 | 예 | 제 06

A, B, C, D의 4개의 문자와 a, b, c, d의 4개의 문자를 각각 일렬로 배열하여 같은 위치에 있는 문자끼리 대응시켰을 때, A와 a가 서로 대응되지 않는 경우의 수를 구하시오.

탐구　사건이 복잡한 경우에는 여사건을 이용한다.

풀이　**1st** A, B, C, D를 일렬로 배열하는 경우의 수를 구하면

$$4! = 4 \times 3 \times 2 \times 1 = 24$$

2nd a, b, c, d를 일렬로 배열하는 경우의 수를 구하면

$$4! = 4 \times 3 \times 2 \times 1 = 24$$

3rd A, B, C, D와 a, b, c, d를 대응시키는 경우의 수를 구하면

$$24 \times 24 = 576$$

4th A와 a를 대응시키고 나머지 문자들을 배열하는 경우의 수를 구하면

$$\underline{4} \quad \times \quad \underline{3!} \quad \times \quad \underline{3!} = 144$$

　↑　　　↑　　　↑
A와 a를　　B, C, D를　　b, c, d를
같은 위치에　　배열하는　　배열하는
배치하는　　경우의 수　　경우의 수
경우의 수

5th A와 a가 대응되지 않는 경우의 수를 구하면

$$576 - 144 = 432$$

정답　432

기|본|예|제 07

남학생 5명, 여학생 3명을 여학생 3명이 이웃하게 일렬로 배열하는 경우의 수를 구하시오.

탐구 이웃한다. → (보따리)로 묶어 1개 취급 배열 → 괄호 속 배열

남 남 남 남 남 (여 여 여)

풀이 (1st) 이웃하는 여학생 3명을 묶어 한 명 취급하여 일렬로 배열하고 묶음 속 이웃한 여학생들이 일렬로 배열하는 경우의 수를 구하면

$$6! \times 3! = 6 \times 5! \times 3!$$
$$= 6 \times 120 \times 6 = 4320$$

✓ **정답** 4320

기|본|예|제 08

남학생 5명, 여학생 3명을 여학생 3명이 이웃하지 않게 일렬로 세우는 경우의 수를 구하시오.

탐구 이웃 가능한 남학생 5명 배열 × 양 끝과 사이에 여학생 배열할 자리 3개 뽑아서 배열

∨ 남 ∨ 남 ∨ 남 ∨ 남 ∨ 남 ∨

풀이 (1st) 이웃 가능한 남학생 5명을 먼저 일렬로 세운 후 여학생을 양 끝과 남학생 사이에 세우는 경우의 수를 구하면

$$5! \times {}_6P_3 = 120 \times 6 \times 5 \times 4 = 14400$$

✓ **정답** 14400

사전식 배열법

→ 중복 불허한 상태에서 순차적으로 배열해나가는 방법이다!

→ abcde $\begin{bmatrix} 첫순열 \to abcde \\ 끝순열 \to edcba \end{bmatrix}$ $\Big\rangle$ $5! = 120$

→ ed □□□ $\begin{bmatrix} 첫순열 \to ed\ \boxed{a}\ \boxed{b}\ \boxed{c} \\ 끝순열 \to ed\ \boxed{c}\ \boxed{b}\ \boxed{a} \end{bmatrix}$ $\Big\rangle$ $3! = 6$

기│본│예│제 **09**

a, b, c, d, e를 모두 사용하여 만든 120개의 순열을 사전식으로 $abcde$에서 $edcba$까지 나열할 때,

(1) 순열 $cdeab$는 몇 번째에 오는지 구하시오.

(2) 40번째에 오는 순열은 무엇인지 구하시오.

탐구 순차적으로 모양을 만들어 경우의 수를 구해본다.

풀이 (1) **1st** $cdeab$보다 앞에 있는 순열의 수를 구하면

a	○	○	○	○ 꼴: $4! = 24$
b	○	○	○	○ 꼴: $4! = 24$
c	a	○	○	○ 꼴: $3! = 6$
c	b	○	○	○ 꼴: $3! = 6$
c	d	a	○	○ 꼴: $2! = 2$
c	d	b	○	○ 꼴: $2! = 2$
c	d	e	a	b (주어진 순열): 1

합의 법칙에 의하여 65가지

따라서 $cdeab$는 65번째에 오는 순열이다.

(2) **1st** 40번째 순열은 어떤 문자로 시작하는가를 찾으면

a로 시작하는 것: $4! = 24$

b로 시작하는 것: $4! = 24$

합의 법칙에 의하여 48가지

따라서 40번째의 순열은 b로 시작하는 순열이다.

2nd 같은 방법으로 차례로 순열의 수를 구해 나가면

a	○	○	○	○ 꼴: $4! = 24$
b	a	○	○	○ 꼴: $3! = 6$
b	c	○	○	○ 꼴: $3! = 6$
b	d	a	○	○ 꼴: $2! = 2$
b	d	c	○	○ 꼴: $2! = 2$

따라서 40번째의 순열은 $b\ d\ c$ ○○ 꼴의 마지막 순열 $bdcea$이다.

정답 (1) 65번째 (2) $bdcea$

2 숫자를 만드는 방법

→ 맨 앞에 0이 오는 경우를 경계하여라.

[1] 순열 공식의 유도 과정을 이용하는 방법

[2] 순열 공식을 직접 이용하는 방법

Case 1 순열을 이용하는 경우

서로 다른 n개의 숫자 중에서 중복을 허락하지 않고 r개를 택하여 정수를 만들 때는 순열을 이용한다.

Case 2 제한 조건이 있는 정수의 개수

① 홀수인 정수 → 일의 자리의 숫자가 홀수이어야 한다.

② 짝수인 정수 → 일의 자리의 숫자가 0 또는 짝수이어야 한다.

③ 3의 배수인 정수 → 각 자리의 숫자의 합이 3의 배수이어야 한다.

④ 4의 배수인 정수 → 끝의 두 자리의 수가 00 또는 4의 배수이어야 한다.

강의 숫자를 만드는 방법

→ 순열의 수를 이용한다.

→ n개의 숫자로 n 자리의 수 만드는 경우의 수 → $n!$

→ n개의 숫자 중 r개를 골라 r 자리의 수 만드는 경우의 수 → $_nP_r$

주의 맨 앞자리에 0이 와서는 안 된다.

기|본|예|제 10

0, 1, 2, 3, 4를 모두 사용하여 만들 수 있는 다섯 자리의 자연수의 개수를 구하시오.

탐구 맨 앞자리에 0이 오면 안 된다.

풀이 **1st** 0은 맨 앞자리에 쓸 수 없으므로

맨 앞자리에 쓸 수 있는 숫자의 개수는 4이다.

2nd 남은 네 자리에는 맨 앞자리에 쓴 수를 제외한 나머지 수를 놓으면 되므로

$4! = 4 \times 3 \times 2 \times 1 = 24$(개)이다.

3rd 구하는 자연수의 개수는

$4 \times 24 = 96$

✓ 정답 96

홀수 또는 짝수의 조건이 있는 수

→ 일의 자리에 주목하라!

① 홀수 → 일의 자리의 숫자가 홀수

② 짝수 → 일의 자리의 숫자가 0 또는 짝수

주의 맨 앞자리에 0이 와서는 안 된다.

기|본|예|제 **11**

0, 1, 2, 3, 4, 5, 6의 7개의 숫자 중에서 서로 다른 4개의 숫자를 뽑아 만들 수 있는 네 자리의 짝수의 개수를 구하시오.

탐구 짝수인 정수는 일의 자리의 숫자가 0 또는 짝수인 수이다.

풀이 (1st) 네 자리의 수이므로 □ □ □ □로 놓고 각각의 개수를 구하면

　ⅰ) 일의 자리에 0이 오는 경우

　　　□□□⓪
　　　↑　　↑　$\Rightarrow$ $_6P_3 \times 1 = 6 \times 5 \times 4 = 120$
　　　$_6P_3$　1

　ⅱ) 일의 자리에 0이 아닌 짝수가 오는 경우

　　　□□□□
　　　↑　↑　↑　$\Rightarrow$ $5 \times {_5}P_2 \times 3 = 5 \times 5 \times 4 \times 3 = 300$
　　　5　$_5P_2$　3

(2nd) ⅰ), ⅱ)에 의해 만들 수 있는 네 자리의 짝수의 개수를 구하면

　　　$120 + 300 = 420$

정답 420

주어진 수의 배수

→ 배수의 조건에 주목하라!

① 3의 배수 → 각 자리의 숫자의 합이 3의 배수

② 4의 배수 → 끝의 두 자리의 수가 00 또는 4의 배수

③ 5의 배수 → 일의 자리의 숫자가 0 또는 5

④ 9의 배수 → 각 자리의 숫자의 합이 9의 배수

주의 맨 앞자리에 0이 와서는 안 된다.

1, 2, 3, 4, 5의 5개의 숫자 중에서 서로 다른 3개의 숫자를 뽑아 만들 수 있는 세 자리의 정수 중 3의 배수의 개수를 구하시오.

탐구   3의 배수는 각 자리의 숫자의 합이 3의 배수인 수이다.

풀이   (1st) 1, 2, 3, 4, 5의 5개의 숫자 중 합이 3의 배수가 되는 세 수를 묶으면

$$(1,\ 2,\ 3),\ (1,\ 3,\ 5),\ (2,\ 3,\ 4),\ (3,\ 4,\ 5)$$

       (2nd) 각각의 경우의 수가 모두 3!이므로 3의 배수의 개수를 구하면

$$4 \times 3! = 24$$

✔정답   24

0, 1, 2, 3, 4, 5의 6개의 숫자 중에서 서로 다른 4개의 숫자를 뽑아 만들 수 있는 네 자리의 정수 중 5의 배수의 개수를 구하시오.

탐구   5의 배수는 일의 자리의 숫자가 0 또는 5인 수이다.

풀이   (1st) 네 자리의 수이므로 □□□□로 놓고 각각의 개수를 구하면

       i) 일의 자리에 0이 오는 경우

         □ □ □ ⓪

         ↑   ↑ $\Rightarrow {}_5P_3 \times 1 = 60$

          ${}_5P_3$ 1

       ii) 일의 자리에 5가 오는 경우

         □ □ □ ⑤

         ↑   ↑   ↑ $\Rightarrow 4 \times {}_4P_2 \times 1 = 48$

         4    ${}_4P_2$ 1

       (2nd) i), ii)에 의해 만들 수 있는 5의 배수의 개수를 구하면

$$60 + 48 = 108$$

✔정답   108

MEMO

02 조합

1 조합의 정의와 조합의 수

[1] 조합의 정의

→ 서로 다른 n개에서 순서를 생각하지 않고 r개를 택하는 것을 n개에서 r개를 뽑는 **조합**이라 하고 이 조합의 수를 기호 $_n\mathrm{C}_r$로 나타낸다.

서로 다른 것의 개수 $\rightarrow {}_n\mathrm{C}_r \leftarrow$ 택하는 것의 개수

[2] 조합의 수

→ 서로 다른 n개에서 r개를 택하는 조합의 수 $_n\mathrm{C}_r$은

$$_n\mathrm{C}_r = \frac{_n\mathrm{P}_r}{r!} = \frac{n(n-1)\times \cdots \times (n-r+1)}{r!} = \frac{n!}{r!(n-r)!} \ (\text{단, } 0 \le r \le n)$$

(1) $_n\mathrm{C}_r = {}_n\mathrm{C}_{r'}$이면 $r' = r$ 또는 $r' = n-r$이다. $\rightarrow {}_n\mathrm{C}_r = {}_n\mathrm{C}_{n-r}$

(2) $_n\mathrm{C}_r = {}_{n-1}\mathrm{C}_{r-1} + {}_{n-1}\mathrm{C}_r$

(3) $_n\mathrm{C}_r = \dfrac{n \times {}_{n-1}\mathrm{P}_{r-1}}{r!}$

강의 **조합의 수**

→ 순서 구별도 안 되고 중복 허락도 안 되는 경우의 수이다!

(1) 의미

$\left[\begin{array}{l} \text{조합(1단계)} \rightarrow \text{뽑는다.} \rightarrow {}_n\mathrm{C}_r \\ \text{순열(2단계)} \rightarrow \text{뽑고 배열한다.} \rightarrow {}_n\mathrm{P}_r \end{array} \right.$

→ $_n\mathrm{P}_r = {}_n\mathrm{C}_r \times r!$ ∴ $_n\mathrm{C}_r = \dfrac{_n\mathrm{P}_r}{r!}$

(2) 성질

① $_n\mathrm{C}_r = {}_n\mathrm{C}_{n-r} \rightarrow {}_n\mathrm{C}_r = {}_n\mathrm{C}_{r'} \Leftrightarrow r' = r, \ r' = n-r$

② $_n\mathrm{C}_r = \dfrac{_n\mathrm{P}_r}{r!} = \dfrac{n!}{r!(n-r)!}$ ← 공식 증명에 활용

③ $_n\mathrm{C}_r = \dfrac{n}{r} \times {}_{n-1}\mathrm{C}_{r-1}$

주의 이항분리 공식

① $_n\mathrm{P}_r = r \times {}_{n-1}\mathrm{P}_{r-1} + {}_{n-1}\mathrm{P}_r$

② $_n\mathrm{C}_r = {}_{n-1}\mathrm{C}_{r-1} + {}_{n-1}\mathrm{C}_r$

다음 등식을 만족하는 n 또는 r의 값을 구하시오.

(1) $_n\text{C}_3 = {_n\text{C}_4}$　　　　　　　　(2) $_{10}\text{C}_{r+2} = {_{10}\text{C}_{2r+2}}$

탐구　$_n\text{C}_r = {_n\text{C}_{r'}}$이면 $r' = r$ 또는 $r' = n - r$ 이다.

풀이　(1) ①st　$r = 3$이라 하면 $_n\text{C}_r = {_n\text{C}_{n-r}}$이므로

　　　　　　　　$n - 3 = 4$　　∴ $n = 7$

　　　　(2) ①st　$_{10}\text{C}_{r+2} = {_{10}\text{C}_{2r+2}}$이므로

　　　　　　　ⅰ) $r + 2 = 2r + 2$에서 $r = 0$

　　　　　　　ⅱ) $10 - (r + 2) = 2r + 2$에서 $r = 2$

정답　(1) $n = 7$　　(2) $r = 0$ 또는 2

강의　**순열과 조합의 구별법**

➜ 순서와 서열과 기분에 따라 나누어진다!

➜ $\begin{cases} \text{순열} \rightarrow \text{순서(有), 서열(有), 기분(異)} \\ \text{조합} \rightarrow \text{순서(無), 서열(無), 기분(同)} \end{cases}$

有(있을 유)　異(다를 이)　無(없을 무)　同(같을 동)

7명의 학생 중에서 다음 조건에 맞게 선출하는 경우의 수를 구하시오.

(1) 회장, 부회장, 서기를 뽑는 경우의 수

(2) 위원 세 명을 뽑는 경우의 수

탐구　① 서열이 있으면 순열이다.

　　　　② 서열이 없으면 조합이다.

풀이　(1) ①st　서열이 있으므로 순열의 수를 구하면

　　　　　　$_7\text{P}_3 = 7 \times 6 \times 5 = 210$

　　　　(2) ①st　서열이 없으므로 조합의 수를 구하면

　　　　　　$_7\text{C}_3 = \dfrac{7 \times 6 \times 5}{3 \times 2 \times 1} = 35$

정답　(1) 210　　(2) 35

「적어도~」가 있는 사건, ~가 아닌 사건이 복잡할 때의 경우의 수

→ 여사건을 이용한다!

→ 「적어도~」가 있는 경우의 수

→ (구하는 경우의 수)=(모든 경우의 수)−(구하지 않는 경우의 수)

기 | 본 | 예 | 제 16

남학생 5명과 여학생 4명 중 3명의 학생을 뽑을 때, 여학생을 적어도 한 명 뽑는 경우의 수를 구하시오.

탐구 「적어도~」가 있는 경우의 수=(모든 경우의 수)−(구하지 않는 경우의 수)

풀이 **1st** 9명의 학생 중 3명의 학생을 뽑는 경우의 수를 구하면

$$_9C_3 = \frac{9 \times 8 \times 7}{3 \times 2 \times 1} = 84$$

2nd 여학생을 적어도 한 명 뽑는 사건의 여사건은 남학생 중 3명을 뽑는 사건이므로

$$_5C_3 = {_5C_2} = \frac{5 \times 4}{2 \times 1} = 10$$

3rd 구하는 경우의 수는

$$84 - 10 = 74$$

✓ 정답 74

기 | 본 | 예 | 제 17

남학생 5명과 여학생 4명 중 3명의 학생을 뽑을 때, 남학생과 여학생이 각각 적어도 1명씩 포함되는 경우의 수를 구하시오.

탐구 「적어도~」가 있는 경우의 수=(모든 경우의 수)−(구하지 않는 경우의 수)

풀이 **1st** 9명의 학생 중 3명의 학생을 뽑는 경우의 수를 구하면

$$_9C_3 = \frac{9 \times 8 \times 7}{3 \times 2 \times 1} = 84$$

2nd 남학생 5명 중에서 3명 뽑는 경우의 수를 구하면

$$_5C_3 = {_5C_2} = \frac{5 \times 4}{2 \times 1} = 10$$

3rd 여학생 4명 중에서 3명 뽑는 경우의 수를 구하면

$$_4C_3 = {_4C_1} = 4$$

4th 구하는 경우의 수는

$$84 - 10 - 4 = 70$$

✓ 정답 70

반드시 포함 or 불포함하는 경우의 수

→ 계외하고 생각 or 계산하라!

① 반드시 포함하는 경우의 수

 → 계외하고 계산한 후 포함시킨다.

② 반드시 불포함하는 경우의 수

 → 계외하고 계산한 후 불포함시킨다.

기|본|예|제 18

상자 속에 서로 색이 다른 공이 12개 들어있다. 이 중에서 5개를 꺼낼 때, 정해 놓은 색의 공 2개가 항상 포함되는 경우의 수를 구하시오.

탐구 '반드시 포함된다'의 처리 방법 → 제외하고 생각한다.

풀이 (1st) 정해 놓은 색의 공 2개를 미리 뽑은 후 남은 10개의 공에서 3개의 공을 뽑는 경우의 수를 구하면

$$_{10}C_3 = \frac{10 \times 9 \times 8}{3 \times 2 \times 1} = 120$$

정답 120

기|본|예|제 19

1부터 9까지의 숫자 중에서 서로 다른 3개의 숫자를 선택할 때, 3의 배수인 숫자는 포함되지 않는 경우의 수를 구하시오.

탐구 '반드시 포함되지 않는다'의 처리 방법 → 제외하고 생각한다.

풀이 (1st) 포함되지 않는 3의 배수인 숫자 3개를 제외하고 나머지 6개 중에서 숫자 3개를 선택하는 경우의 수를 구하면

$$_6C_3 = \frac{6 \times 5 \times 4}{3 \times 2 \times 1} = 20$$

정답 20

MEMO

기|본|예|제 **20**

남녀 각각 5명씩 10명의 사람 중에서 남자 3명, 여자 2명을 뽑아 일렬로 세우는 경우의 수를 구하시오.

탐구 순열과 조합이 섞인 문제의 해법 → 우선 뽑고, 나중에 배열한다.

풀이 (1st) 남자 3명, 여자 2명을 뽑는 경우의 수를 구하면

$$_5C_3 \times {}_5C_2$$

(2nd) 뽑은 5명을 일렬로 세우는 경우의 수를 구하면

$$5!$$

(3rd) 구하는 경우의 수는

$$_5C_3 \times {}_5C_2 \times 5! = 10 \times 10 \times 120 = 12000$$

정답 12000

기|본|예|제 **21**

A, B, C, D, E, F의 6개의 문자 중 4개의 문자를 뽑아 일렬로 배열할 때, 모음이 모두 포함되는 경우의 수를 구하시오.

탐구 순열과 조합이 섞인 문제의 해법 → 우선 뽑고, 나중에 배열한다.

풀이 (1st) 6개의 문자 중 모음 2개를 먼저 뽑은 후 나머지 4개 중 2개의 문자를 뽑는 경우의 수를 구하면

$$_4C_2$$

(2nd) 뽑은 4개의 문자를 일렬로 배열하는 경우의 수를 구하면

$$4!$$

(3rd) 구하는 경우의 수는

$$_4C_2 \times 4! = 6 \times 24 = 144$$

정답 144

직선과 삼각형과 교점의 개수

→ 조합을 이용하여 구한다!

① $_nC_2$ → 직선 결정

② $_nC_3$ → △형 결정

③ $_nC_4$ → 교점 결정

주의 동일 직선상의 점에 유의하라!

기|본|예|제 22

그림과 같이 평면상에 16개의 점이 존재할 때, 주어진 점을 이어서 만들 수 있는

(1) 직선의 개수   (2) 삼각형의 개수

를 구하시오.

탐구   ① $_nC_2$ → 직선 결정   ② $_nC_3$ → 삼각형 결정

풀이   (1) **1st** 16개의 점에서 2개의 점을 이어서 만든 직선의 개수를 구하면

$$_{16}C_2 = 120$$

2nd 일직선 위에 있는 4개의 점에서 2개의 점을 이어서 만든 직선의 개수를 구하면

$$10 \times {}_4C_2 = 60$$

3rd 일직선 위에 있는 3개의 점에서 2개의 점을 이어서 만든 직선의 개수를 구하면

$$4 \times {}_3C_2 = 12$$

4th 일직선 위에 있는 4개의 점과 3개의 점을 이어서 만들 수 있는 직선의 개수가

$10 + 4 = 14$ (개)이므로 만들 수 있는 직선의 개수를 구하면

$$120 - 60 - 12 + 14 = 62$$

(2) **1st** 16개의 점에서 3개의 점을 택하는 경우의 수는

$$_{16}C_3 = 560$$

2nd 일직선 위에 있는 4개의 점에서 3개의 점을 택하는 경우의 수는

$$10 \times {}_4C_3 = 40$$

3rd 일직선 위에 있는 3개의 점에서 3개의 점을 택하는 경우의 수는

$$4 \times {}_3C_3 = 4$$

4th 일직선 위에 있는 3개의 점을 택하면 삼각형을 만들 수 없으므로 만들 수 있는 삼각형의 개수는

$$560 - 40 - 4 = 516$$

정답   (1) 62   (2) 516

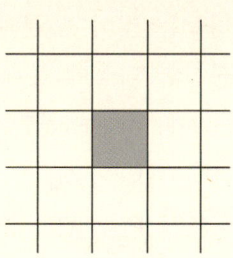
기|본|예|제 23

오른쪽 그림과 같이 평행한 직선이 만날 때, 이 직선으로 만들 수 있는 평행사변형의 개수를 구하시오.

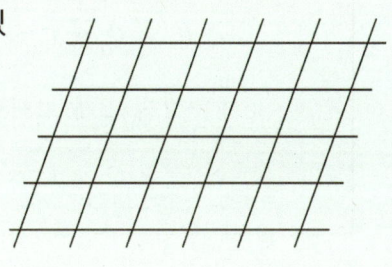

탐구 가로선 중 2개, 세로선 중 2개 → 평행사변형

풀이 (1st) 가로선 5개 중 2개를 뽑고 세로선 6개 중 2개를 뽑으면 평행사변형이 되므로

$$_5C_2 \times _6C_2 = 150$$

정답 150

기|본|예|제 24

오른쪽 그림과 같이 수직으로 만나는 가로선과 세로선이 일정한 간격으로 배열되어 있다. 이 도형에서 만들 수 있는 사각형 중 정사각형이 아닌 직사각형의 개수를 구하시오.

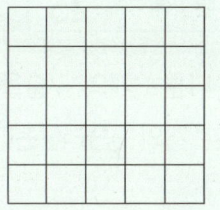

탐구 정사각형의 개수: $1^2 + 2^2 + 3^2 + \cdots + n^2$

풀이 (1st) 만들 수 있는 직사각형의 개수는

$$_6C_2 \times _6C_2 = \frac{6 \times 5}{2} \times \frac{6 \times 5}{2} = 225$$

(2nd) 만들 수 있는 정사각형의 개수는

$$1^2 + 2^2 + 3^2 + 4^2 + 5^2 = 55$$

(3rd) 만들 수 있는 정사각형이 아닌 직사각형의 개수는

$$225 - 55 = 170$$

정답 170

2 분할과 분배

(1) 분할은 나누는 것이고, 분배는 나누어 주는 것이다.

(2) 반드시 분할한 다음에 분배해야 한다.

* 6개를 1개, 2개, 3개로 분할, 분배하는 경우

➜ 분할: $_6C_1 \times {_5C_2} \times {_3C_3}$

➜ 분배: $_6C_1 \times {_5C_2} \times {_3C_3} \times 3!$

체크 분할 시 묶음 안의 수가 같을 때 주의점

* 6개를 1개, 1개, 4개로 분할하는 경우의 수

→ $_6C_1 \times {_5C_1} \times {_4C_4} \times \dfrac{1}{2!}$

* 6개를 2개, 2개, 2개로 분할하는 경우의 수

→ $_6C_2 \times {_4C_2} \times {_2C_2} \times \dfrac{1}{3!}$

강의 **분할과 분배**

➜ 차이점을 잘 파악해 두어라!

➜ 분할(1단계): 나누는 것

➜ 분배(2단계): 나누어 주는 것

기│본│예│제 **25**

색이 다른 6개의 구슬을 두 바구니 A, B에 나누어 담는 경우의 수를 구하시오. (단, 한 바구니에 적어도 한 개의 공을 담는다.)

탐구 분할 → 나누는 것, 분배 → 나누어 주는 것

풀이 ① 6개의 공을 2조로 나누는 방법을 구하면

(1, 5), (2, 4), (3, 3)

② 나누는 방법의 수를 구하면

$$_6C_1 \times {_5C_5} + {_6C_2} \times {_6C_4} + {_6C_3} \times {_3C_3} \times \dfrac{1}{2!} = 6 + 15 \times 15 + 20 \times \dfrac{1}{2}$$

$$= 6 + 225 + 10 = 241$$

③ 나눈 공을 두 바구니에 담는 경우의 수는 2! = 2이므로 구하는 경우의 수는

$$241 \times 2 = 482$$

정답 482

반복 학습 기록란.

가장 좋은 학습 방법은 학교에서나 학원에서나 선생님의 강의를 열심히 듣고 여러 번 반복 학습하는 것입니다.
지금부터 당장 선생님의 강의를 열심히 듣고 반복! 반복하십시오. 그러면 곧 모든 과목에 자신이 생길 것입니다.

회수	시작이 반!			끝을 봐야!			확인
제1회	년	월	일부터	년	월	일까지	
제2회	년	월	일부터	년	월	일까지	
제3회	년	월	일부터	년	월	일까지	
제4회	년	월	일부터	년	월	일까지	
제5회	년	월	일부터	년	월	일까지	
제6회	년	월	일부터	년	월	일까지	
제7회	년	월	일부터	년	월	일까지	
제8회	년	월	일부터	년	월	일까지	
제9회	년	월	일부터	년	월	일까지	
제10회	년	월	일부터	년	월	일까지	

단원 점검문제

▶ 아무런 도움 없이 스스로 연습장에 풀어 단원에 대한 성취도를 평가하고 미흡한 점이 있으면 배운 부분을 다시 반복 학습하도록 하자.

01 다음 등식을 만족하는 자연수 n 또는 r의 값을 구하시오.

   (1) $_nP_2 = 20$ (2) $_7P_r = 210$

   (3) $_{2n}P_3 = 14 \times {_n}P_3$ (4) $_5P_r \times 4! = 1440$

02 다음 중에서 $_nP_r$의 성질에 맞지 않는 것을 고르시오.

   ① $_nP_r = \dfrac{n!}{(n-r)!}$ ② $_nP_r = n \times {_{n-1}}P_{r-1}$

   ③ $_nP_r = (n-r+1) \times {_n}P_{r-1}$ ④ $_nP_r = r \times {_{n-1}}P_{r-1} + {_{n-1}}P_r$

   ⑤ $_nP_r = {_{n-1}}P_{r-1} + {_{n-1}}P_r$

03 7명의 학생이 있을 때, 다음을 구하시오.

   (1) 7명의 학생을 일렬로 배열하는 경우의 수

   (2) 7명 중 3명을 뽑아 일렬로 배열하는 경우의 수

04 1부터 5까지의 자연수를 일렬로 배열할 때, 양 끝에 짝수가 놓이도록 배열하는 경우의 수를 구하시오.

05 여학생 3명, 남학생 5명이 일렬로 줄을 설 때, 적어도 한쪽 끝에 남학생이 오는 경우의 수를 구하시오.

06 A, B, C, D의 4개의 문자와 a, b, c, d의 4개의 문자를 각각 일렬로 배열하여 같은 위치에 있는 문자끼리 대응시켰을 때, A와 a가 서로 대응되지 않는 경우의 수를 구하시오.

07 남학생 5명, 여학생 3명을 여학생 3명이 이웃하게 일렬로 배열하는 경우의 수를 구하시오.

08 남학생 5명, 여학생 3명을 여학생 3명이 이웃하지 않게 일렬로 세우는 경우의 수를 구하시오.

09 a, b, c, d, e를 모두 사용하여 만든 120개의 순열을 사전식으로 $abcde$에서 $edcba$까지 나열할 때,
(1) 순열 $cdeab$는 몇 번째에 오는지 구하시오.
(2) 40번째에 오는 순열은 무엇인지 구하시오.

10 0, 1, 2, 3, 4를 모두 사용하여 만들 수 있는 다섯 자리의 자연수의 개수를 구하시오.

11 0, 1, 2, 3, 4, 5, 6의 7개의 숫자 중에서 서로 다른 4개의 숫자를 뽑아 만들 수 있는 네 자리의 짝수의 개수를 구하시오.

12 1, 2, 3, 4, 5의 5개의 숫자 중에서 서로 다른 3개의 숫자를 뽑아 만들 수 있는 세 자리의 정수 중 3의 배수의 개수를 구하시오.

13 0, 1, 2, 3, 4, 5의 6개의 숫자 중에서 서로 다른 4개의 숫자를 뽑아 만들 수 있는 네 자리의 정수 중 5의 배수의 개수를 구하시오.

14 다음 등식을 만족하는 n 또는 r의 값을 구하시오.
(1) $_nC_3 = {}_nC_4$ (2) $_{10}C_{r+2} = {}_{10}C_{2r+2}$

15 7명의 학생 중에서 다음 조건에 맞게 선출하는 경우의 수를 구하시오.
(1) 회장, 부회장, 서기를 뽑는 경우의 수
(2) 위원 세 명을 뽑는 경우의 수

16 남학생 5명과 여학생 4명 중 3명의 학생을 뽑을 때, 여학생을 적어도 한 명 뽑는 경우의 수를 구하시오.

17 남학생 5명과 여학생 4명 중 3명의 학생을 뽑을 때, 남학생과 여학생이 각각 적어도 1명씩 포함되는 경우의 수를 구하시오.

18 상자 속에 서로 색이 다른 공이 12개 들어있다. 이 중에서 5개를 꺼낼 때, 정해 놓은 색의 공 2개가 항상 포함되는 경우의 수를 구하시오.

19 1부터 9까지의 숫자 중에서 서로 다른 3개의 숫자를 선택할 때, 3의 배수인 숫자는 포함되지 않는 경우의 수를 구하시오.

20 남녀 각각 5명씩 10명의 사람 중에서 남자 3명, 여자 2명을 뽑아 일렬로 세우는 경우의 수를 구하시오.

21 A, B, C, D, E, F의 6개의 문자 중 4개의 문자를 뽑아 일렬로 배열할 때, 모음이 모두 포함되는 경우의 수를 구하시오.

22 그림과 같이 평면상에 16개의 점이 존재할 때, 주어진 점을 이어서 만들 수 있는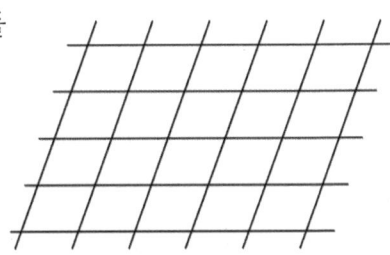
      (1) 직선의 개수   (2) 삼각형의 개수
를 구하시오.

23 오른쪽 그림과 같이 평행한 직선이 만날 때, 이 직선으로 만들 수 있는 평행사변형의 개수를 구하시오.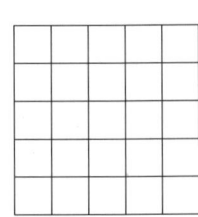

24 오른쪽 그림과 같이 수직으로 만나는 가로선과 세로선이 일정한 간격으로 배열되어 있다. 이 도형에서 만들 수 있는 사각형 중 정사각형이 아닌 직사각형의 개수를 구하시오.

25 색이 다른 6개의 구슬을 두 바구니 A, B에 나누어 담는 경우의 수를 구하시오. (단, 한 바구니에 적어도 한 개의 공을 담는다.)

VII 행렬

PART 01. 행렬과 그 연산

PART

01

행렬과 그 연산

명언

말이 만든 상처는 칼로 입은 상처보다 깊고 심하다.

- 모로코속담 -

01 행렬

1 행렬의 뜻과 표시법

[1] 행렬과 그 성분

→ 수 또는 문자를 직사각형의 모양으로 배열하여 괄호로 묶은 것을 **행렬**이라 하고, 행렬을 이루고 있는 각각의 수 또는 문자를 그 행렬의 **성분**이라 한다.

[2] 행과 열

(1) 행렬에서 성분의 가로의 배열을 **행**이라 하고, 위에서부터 차례로 제1행, 제2행, …이라 한다.

(2) 행렬에서 성분의 세로의 배열을 **열**이라 하고, 왼쪽에서부터 차례로 제1열, 제2열, …이라 한다.

$$A = \begin{pmatrix} a & b & c \\ 10 & 20 & 30 \end{pmatrix} \begin{matrix} \leftarrow \text{제}1\text{행} \\ \leftarrow \text{제}2\text{행} \end{matrix}$$
$$\begin{matrix} \downarrow & \downarrow & \downarrow \\ \text{제} & \text{제} & \text{제} \\ 1 & 2 & 3 \\ \text{열} & \text{열} & \text{열} \end{matrix}$$

[3] $m \times n$ 행렬

→ m개의 행과 n개의 열로 이루어진 행렬을 **$m \times n$ 행렬** 또는 **m행 n열의 행렬**이라 한다. 특히, 행의 개수와 열의 개수가 모두 n개인 $n \times n$ 행렬을 **n차 정사각행렬**이라 하고, n을 이 행렬의 **차수**라 한다.

[4] 행렬의 표시법

→ 행렬을 한 문자로 나타낼 때는 보통 알파벳의 대문자 A, B, C, …를 사용하고, 그 성분은 소문자 a, b, c, …를 사용하여 나타낸다.

(1) (i, j) 성분

→ 행렬에서 제i행과 제j열이 만나는 위치에 있는 성분을 **(i, j) 성분** 또는 **i행 j열의 성분**이라 하고, a_{ij}로 나타낸다.

(2) 행렬 $A = (a_{ij})$

→ $m \times n$ 행렬 A를 간단히 $A = (a_{ij})$; $i = 1, 2, \cdots, m$, $j = 1, 2, \cdots, n$으로 나타내기도 한다.

→ $A = \begin{pmatrix} a_{11} & a_{12} & a_{13} \\ a_{21} & a_{22} & a_{23} \end{pmatrix} \rightarrow A = (a_{ij})$; $i = 1, 2$, $j = 1, 2, 3$

→ 가로 배열을 행, 세로 배열을 열이라 한다!

$$\to \boxed{\text{수 or 문자}} \to \left[\begin{array}{l}\text{가로의 배열} \to \text{행} \\ \text{세로의 배열} \to \text{열}\end{array}\right. \to \begin{pmatrix} 1 & 2 & 3 \\ a & b & c \end{pmatrix} \begin{array}{l}\leftarrow \text{제1행} \\ \leftarrow \text{제2행}\end{array}$$

$$\begin{array}{ccc} \downarrow & \downarrow & \downarrow \\ \text{제} & \text{제} & \text{제} \\ 1 & 2 & 3 \\ \text{열} & \text{열} & \text{열} \end{array}$$

기|본|예|제 01

행렬을 보고 다음을 구하시오.

$$A = \begin{pmatrix} 1 & 2 & 3 \\ a & b & c \end{pmatrix}$$

(1) 행의 개수   (2) 열의 개수   (3) 제2행과 제3열이 교차하는 점의 성분

탐구   행렬 A는 2행 3열로 구성된 2×3 행렬이다.

풀이   (1) **1st** 행의 개수는 가로 배열의 수이므로

2개

(2) **1st** 열의 개수는 세로 배열의 수이므로

3개

(3) **1st** 제2행과 제3열이 교차하는 점의 성분을 구하면

c

정답   (1) 2   (2) 3   (3) c

기|본|예|제 02

행렬 $\begin{pmatrix} 2 & a+1 \\ a & a-2 \end{pmatrix}$에서 제2열의 성분의 곱이 4일 때, 양수 a의 값을 구하시오.

탐구   행렬에서 제2열의 성분은 $a+1$과 $a-2$이다.

풀이   **1st** 주어진 행렬의 제2열의 성분은 $a+1$, $a-2$이므로

$$(a+1)(a-2)=4 \quad a^2-a-2=4 \quad a^2-a-6=0$$

$$(a-3)(a+2)=0 \quad \therefore a=3, a=-2$$

2nd 양수 a의 값을 구하면

$$a=3$$

정답   3

강의 $m \times n$ 행렬

→ m 행과 n 열로 구성된 행렬이다!

→ $\begin{bmatrix} m\text{개의 행} \\ n\text{개의 열} \end{bmatrix}$ 구성 → $\begin{pmatrix} 1 & 2 & 3 \\ a & b & c \end{pmatrix}$ → 2×3 행렬

주의 정사각행렬

→ $\begin{pmatrix} \boxed{\begin{matrix} \text{정사} \\ \text{각형} \end{matrix}} \end{pmatrix}$ → $\begin{bmatrix} \text{행의 개수} \\ \text{열의 개수} \end{bmatrix}$ 同

→ $\begin{pmatrix} 1 & 2 & 3 \\ a & b & c \\ x & y & z \end{pmatrix}$ → 3×3 행렬 → 3차 정사각행렬

同 (같을 동)

기|본|예|제 03

다음 행렬 A, B, C, D의 꼴을 말하고, 정사각행렬을 고르시오.

(1) $A = (-1 \quad 3 \quad 5)$

(2) $B = \begin{pmatrix} -5 \\ 7 \end{pmatrix}$

(3) $C = \begin{pmatrix} 1 & 2 \\ 3 & 4 \end{pmatrix}$

(4) $D = \begin{pmatrix} -2 & 10 & 7 \\ 21 & -7 & 1 \end{pmatrix}$

탐구 행의 개수가 m, 열의 개수가 n → $m \times n$ 행렬

풀이 **1st** 행의 개수가 m개이고 열의 개수가 n개이면 $m \times n$ 행렬이므로

(1) 행: 1개, 열: 3개 → 1×3 행렬

(2) 행: 2개, 열: 1개 → 2×1 행렬

(3) 행: 2개, 열: 2개 → 2×2 행렬

(4) 행: 2개, 열: 3개 → 2×3 행렬

2nd 행과 열의 수가 같으면 정사각행렬이므로

정사각행렬은 (3)이다.

정답 (1) 1×3 행렬　　(2) 2×1 행렬　　(3) 2×2 행렬　　(4) 2×3 행렬

정사각행렬: (3)

행렬 $A = (a_{ij})$

→ $i = 1, \ 2, \ j = 1, \ 2, \ 3$일 때, 행렬 $A = (a_{ij})$는 2×3행렬이다.

→ ① 성분 a_{ij}

　　→ 제i행과 제j열의 교차점의 성분

　　→ a_{23}: 제2행과 제3열의 교차점의 성분

② 행렬 $A = (a_{ij})$; $i = 1, \ 2, \ j = 1, \ 2, \ 3 \ \rightarrow \ A = \begin{pmatrix} a_{11} & a_{12} & a_{13} \\ a_{21} & a_{22} & a_{23} \end{pmatrix}$

기|본|예|제 04

다음 행렬을 구하시오.

(1) $i = 1, \ 2, \ 3, \ j = 1, \ 2$라 할 때, $a_{ij} = 2i + j^2 - 1$로 나타내어지는 행렬 A

(2) $(i, \ j)$성분 a_{ij}를 $a_{ij} = \begin{cases} 3j & (i \leq j) \\ 2i + j & (i > j) \end{cases}$ 로 정의하는 2×2 행렬 A

탐구 　행렬 $A = (a_{ij})$는 $i \times j$ 행렬

풀이 　(1) **1st** 행렬 $A = \begin{pmatrix} a_{11} & a_{12} \\ a_{21} & a_{22} \\ a_{31} & a_{32} \end{pmatrix}$이므로 각각의 성분을 구하면

$$a_{11} = 2 \times 1 + 1^2 - 1 = 2 \qquad a_{12} = 2 \times 1 + 2^2 - 1 = 5$$

$$a_{21} = 2 \times 2 + 1^2 - 1 = 4 \qquad a_{22} = 2 \times 2 + 2^2 - 1 = 7$$

$$a_{31} = 2 \times 3 + 1^2 - 1 = 6 \qquad a_{32} = 2 \times 3 + 2^2 - 1 = 9$$

$$\therefore \ A = \begin{pmatrix} 2 & 5 \\ 4 & 7 \\ 6 & 9 \end{pmatrix}$$

(2) **1st** 행렬 $A = \begin{pmatrix} a_{11} & a_{12} \\ a_{21} & a_{22} \end{pmatrix}$이므로 각각의 성분을 구하면

$$a_{11} = 3 \times 1 = 3 \qquad a_{12} = 3 \times 2 = 6$$

$$a_{21} = 2 \times 2 + 1 = 5 \qquad a_{22} = 3 \times 2 = 6$$

$$\therefore \ A = \begin{pmatrix} 3 & 6 \\ 5 & 6 \end{pmatrix}$$

정답 　(1) $A = \begin{pmatrix} 2 & 5 \\ 4 & 7 \\ 6 & 9 \end{pmatrix}$ 　　(2) $A = \begin{pmatrix} 3 & 6 \\ 5 & 6 \end{pmatrix}$

[1] 같은 꼴의 행렬

→ 두 행렬 A, B에 있어서 이들의 행의 수와 열의 수가 서로 같을 때, A와 B는 **같은 꼴의 행렬**이라 한다.

[2] 서로 같은 행렬

→ 두 행렬 A, B가 같은 꼴이고, 대응하는 성분이 각각 같을 때, A, B는 **서로 같다**고 하며, $A = B$ 로 나타낸다.

강의 **행렬이 서로 같을 조건**

→ 대응하는 성분이 서로 같다!

→ ① 조건: 同형(같은 꼴)

   ② 의미: 대응 원소 同

→ $A = \begin{pmatrix} a_1 & a_2 \\ a_3 & a_4 \end{pmatrix}$, $B = \begin{pmatrix} b_1 & b_2 \\ b_3 & b_4 \end{pmatrix}$ 일 때,

$$A = B \rightleftarrows \begin{array}{l} a_1 = b_1, \ a_2 = b_2 \\ a_3 = b_3, \ a_4 = b_4 \end{array}$$

同(같을 동)

기|본|예|제 05

$\begin{pmatrix} 2 & -a \\ 2b & -5 \end{pmatrix} = \begin{pmatrix} 2 & a+4 \\ a-4 & a+b \end{pmatrix}$ 가 성립할 때, 실수 a, b의 값을 구하시오.

탐구 행렬 A, B에 대하여 $A = B$ → 대응하는 성분이 서로 같다.

풀이 **1st** 행렬이 서로 같으면 대응하는 성분이 서로 같으므로

$$-a = a+4, \ 2b = a-4, \ -5 = a+b$$

2nd 식을 연립하여 a, b의 값을 구하면

$$a = -2, \ b = -3$$

정답 $a = -2$, $b = -3$

02 행렬의 덧셈과 뺄셈과 실수배

1 행렬의 덧셈

→ 두 행렬 A, B가 같은 꼴일 때, A와 B의 대응하는 성분의 합을 성분으로 하는 행렬을 A와 B의 **합**이라 하고, $A+B$로 나타낸다.

→ $A = \begin{pmatrix} a_{11} & a_{12} \\ a_{21} & a_{22} \end{pmatrix}$, $B = \begin{pmatrix} b_{11} & b_{12} \\ b_{21} & b_{22} \end{pmatrix}$일 때

$$A+B = \begin{pmatrix} a_{11}+b_{11} & a_{12}+b_{12} \\ a_{21}+b_{21} & a_{22}+b_{22} \end{pmatrix}$$

강의 **행렬의 덧셈**

→ 대응하는 성분끼리 더하는 것이다!

→ ① 조건: 同형(같은 꼴)

② 계산: 대응하는 성분 ⊕

→ $A = \begin{pmatrix} a_{11} & a_{12} \\ a_{21} & a_{22} \end{pmatrix}$, $B = \begin{pmatrix} b_{11} & b_{12} \\ b_{21} & b_{22} \end{pmatrix}$일 때,

$$A+B = \begin{pmatrix} a_{11}+b_{11} & a_{12}+b_{12} \\ a_{21}+b_{21} & a_{22}+b_{22} \end{pmatrix}$$

同(같을 동)

기|본|예|제 06

다음을 계산하시오.

(1) $\begin{pmatrix} -4 & 1 \\ 2 & -3 \end{pmatrix} + \begin{pmatrix} -3 & 1 \\ 4 & 1 \end{pmatrix}$

(2) $\begin{pmatrix} 5 & 8 & -4 \\ 6 & 0 & 15 \end{pmatrix} + \begin{pmatrix} -6 & 5 & 0 \\ 7 & 1 & 4 \end{pmatrix}$

탐구 행렬의 덧셈 → 대응하는 성분의 합

풀이 ①st 대응하는 성분끼리 더하여 행렬의 덧셈을 하면

(1) (준식) $= \begin{pmatrix} -4+(-3) & 1+1 \\ 2+4 & -3+1 \end{pmatrix} = \begin{pmatrix} -7 & 2 \\ 6 & -2 \end{pmatrix}$

(2) (준식) $= \begin{pmatrix} 5+(-6) & 8+5 & -4+0 \\ 6+7 & 0+1 & 15+4 \end{pmatrix} = \begin{pmatrix} -1 & 13 & -4 \\ 13 & 1 & 19 \end{pmatrix}$

정답 (1) $\begin{pmatrix} -7 & 2 \\ 6 & -2 \end{pmatrix}$ (2) $\begin{pmatrix} -1 & 13 & -4 \\ 13 & 1 & 19 \end{pmatrix}$

→ 두 행렬 A, B가 같은 꼴일 때, A의 성분에서 이에 대응하는 B의 성분을 뺀 값을 성분으로 하는 행렬을 A에서 B를 뺀 **차**라 하고, $A-B$로 나타낸다.

→ $A = \begin{pmatrix} a_{11} & a_{12} \\ a_{21} & a_{22} \end{pmatrix}$, $B = \begin{pmatrix} b_{11} & b_{12} \\ b_{21} & b_{22} \end{pmatrix}$일 때

$$A-B = \begin{pmatrix} a_{11}-b_{11} & a_{12}-b_{12} \\ a_{21}-b_{21} & a_{22}-b_{22} \end{pmatrix}$$

강의 **행렬의 뺄셈**

→ 대응하는 성분끼리 빼는 것이다!

→ ① 조건: 同形(같은 꼴)

   ② 계산: 대응하는 성분 ⊖

→ $A = \begin{pmatrix} a_{11} & a_{12} \\ a_{21} & a_{22} \end{pmatrix}$, $B = \begin{pmatrix} b_{11} & b_{12} \\ b_{21} & b_{22} \end{pmatrix}$일 때,

$$A-B = \begin{pmatrix} a_{11}-b_{11} & a_{12}-b_{12} \\ a_{21}-b_{21} & a_{22}-b_{22} \end{pmatrix}$$

同(같을 동)

기|본|예|제 07

세 행렬 A, B, C가 $A = \begin{pmatrix} -1 & 0 \\ 2 & 1 \end{pmatrix}$, $B = \begin{pmatrix} 2 & 1 \\ -1 & 3 \end{pmatrix}$, $C = \begin{pmatrix} 3 & 1 \\ 2 & -3 \end{pmatrix}$일 때, $A-B+C$를 구하시오.

탐구 행렬의 덧셈과 뺄셈은 대응하는 성분끼리 더하고 빼서 계산한다.

풀이 **1st** 대응하는 성분끼리 빼고 더하여 계산하면

$$A-B+C = \begin{pmatrix} -1 & 0 \\ 2 & 1 \end{pmatrix} - \begin{pmatrix} 2 & 1 \\ -1 & 3 \end{pmatrix} + \begin{pmatrix} 3 & 1 \\ 2 & -3 \end{pmatrix}$$

$$= \begin{pmatrix} -1-2+3 & 0-1+1 \\ 2-(-1)+2 & 1-3+(-3) \end{pmatrix}$$

$$= \begin{pmatrix} 0 & 0 \\ 5 & -5 \end{pmatrix}$$

정답 $\begin{pmatrix} 0 & 0 \\ 5 & -5 \end{pmatrix}$

[1] 영행렬

(1) 성분이 모두 0인 행렬을 **영행렬**이라 하고, O로 나타낸다.

예를 들면 $(0 \ 0)$, $\begin{pmatrix} 0 \\ 0 \end{pmatrix}$, $\begin{pmatrix} 0 & 0 \\ 0 & 0 \end{pmatrix}$, $\begin{pmatrix} 0 & 0 & 0 \\ 0 & 0 & 0 \end{pmatrix}$ 등은 영행렬이고, 이들은 행렬로는 같지 않으나,

혼동할 염려가 없을 때에는 모두 O로 나타낸다.

(2) 임의의 행렬 A와 영행렬 O가 같은 꼴일 때,
$$A + O = O + A = A$$

[2] 행렬의 실수배

→ k를 임의의 실수라 할 때, 행렬 A의 각 성분에 k를 곱한 것을 성분으로 하는 행렬을 **A의 k배**라 하고, kA로 나타낸다.

→ $A = \begin{pmatrix} a_{11} & a_{12} \\ a_{21} & a_{22} \end{pmatrix}$일 때, $kA = \begin{pmatrix} ka_{11} & ka_{12} \\ ka_{21} & ka_{22} \end{pmatrix}$

강의 | **영행렬 O**

→ 모든 성분이 0이다.

→ 성분이 모두 0인 행렬 → $(0 \ 0)$, $\begin{pmatrix} 0 \\ 0 \end{pmatrix}$, $\begin{pmatrix} 0 & 0 \\ 0 & 0 \end{pmatrix}$

기|본|예|제 08

행렬 $A = \begin{pmatrix} 3 & -1 \\ 2 & 5 \end{pmatrix}$일 때, $A + X = O$를 만족하는 행렬 X를 구하시오. (단, O는 영행렬)

탐구 $A + X = O \ \to \ X = O - A = -A$

풀이   **1st** $A + X = O$를 변형하면

$$X = O - A$$
$$= \begin{pmatrix} 0 & 0 \\ 0 & 0 \end{pmatrix} - \begin{pmatrix} 3 & -1 \\ 2 & 5 \end{pmatrix} = \begin{pmatrix} -3 & 1 \\ -2 & -5 \end{pmatrix}$$

✔ 정답 $\begin{pmatrix} -3 & 1 \\ -2 & -5 \end{pmatrix}$

행렬의 실수배 kA

→ A의 모든 원소에 k를 곱한 것이다!

→ 실수 × (모든 성분)

→ $A = \begin{pmatrix} a_{11} & a_{12} \\ a_{21} & a_{22} \end{pmatrix}$ 일 때, $kA = \begin{pmatrix} ka_{11} & ka_{12} \\ ka_{21} & ka_{22} \end{pmatrix}$

기|본|예|제 09

다음 등식을 만족시키는 실수 a, b, c에 대하여 $a+b+c$의 값을 구하시오.

$$2\begin{pmatrix} a & 1 \\ 2 & -1 \end{pmatrix} - \begin{pmatrix} 3 & b \\ 1 & 2 \end{pmatrix} = \begin{pmatrix} 1 & -1 \\ c & -4 \end{pmatrix}$$

탐구 $kA \rightarrow k\times$(모든 성분)

풀이 **1st** 좌변의 행렬의 연산을 하면

$$(\text{좌변}) = \begin{pmatrix} 2a & 2 \\ 4 & -2 \end{pmatrix} - \begin{pmatrix} 3 & b \\ 1 & 2 \end{pmatrix} = \begin{pmatrix} 2a-3 & 2-b \\ 3 & -4 \end{pmatrix} = \begin{pmatrix} 1 & -1 \\ c & -4 \end{pmatrix}$$

2nd 행렬이 서로 같을 조건을 이용하면

$2a-3=1$에서 $a=2$

$2-b=-1$에서 $b=3$

$c=3$

3rd $a+b+c$의 값을 구하면

$a+b+c = 2+3+3 = 8$

✔ **정답** 8

기|본|예|제 10

세 행렬 A, B, C가 $A = \begin{pmatrix} -1 & 2 \\ 3 & 1 \end{pmatrix}$, $B = \begin{pmatrix} 1 & 0 \\ -2 & 3 \end{pmatrix}$, $C = \begin{pmatrix} 2 & 4 \\ -1 & 3 \end{pmatrix}$ 일 때, 행렬 $3A-2B+C$의 성분 중 최댓값을 구하시오.

탐구 행렬의 실수배를 하고 계산한다.

풀이 **1st** 행렬의 연산을 하면

$$3A-2B+C = 3\begin{pmatrix} -1 & 2 \\ 3 & 1 \end{pmatrix} - 2\begin{pmatrix} 1 & 0 \\ -2 & 3 \end{pmatrix} + \begin{pmatrix} 2 & 4 \\ -1 & 3 \end{pmatrix}$$

$$= \begin{pmatrix} -3 & 6 \\ 9 & 3 \end{pmatrix} + \begin{pmatrix} -2 & 0 \\ 4 & -6 \end{pmatrix} + \begin{pmatrix} 2 & 4 \\ -1 & 3 \end{pmatrix} = \begin{pmatrix} -3 & 10 \\ 12 & 0 \end{pmatrix}$$

따라서 행렬의 성분 중 최댓값은 12이다.

✔ **정답** 12

4 행렬의 덧셈, 실수배에 대한 기본 법칙

→ A, B, C가 같은 꼴의 행렬이고 k, l이 실수일 때

[1] 행렬의 덧셈에 대한 기본 법칙

(1) $A+B=B+A$ ← 교환법칙 성립

(2) $(A+B)+C=A+(B+C)$ ← 결합법칙 성립

[2] 행렬의 실수배에 대한 기본 법칙

(1) $k(lA)=(kl)A$ ← 결합법칙 성립

(2) $(k+l)A=kA+lA$, $k(A+B)=kA+kB$ ← 분배법칙 성립

강의 **행렬의 덧셈, 실수배에 대한 기본 법칙**

→ 실수의 계산 법칙과 동일하다!

(1) 행렬의 덧셈에 대한 기본 법칙

→ A, B, C가 같은 꼴의 행렬일 때

① 교환법칙의 성립

→ $A+B=B+A$

② 결합법칙의 성립

→ $(A+B)+C=A+(B+C)$

(2) 행렬의 실수배에 대한 기본 법칙

→ A, B, O가 같은 꼴의 행렬이고 k, l이 실수일 때

① 결합법칙의 성립

→ $k(lA)=(kl)A$ → $3(2A)=(3\times2)A=6A$

② 분배법칙의 성립

→ $(k+l)A=kA+lA$ → $2A+3A=(2+3)A=5A$

→ $k(A+B)=kA+kB$ → $2(A+B)=2A+2B$

③ 실수배의 기본 성질

→ $(-1)A=-A$ → $(-1)\times\begin{pmatrix} a & b \\ c & d \end{pmatrix}=\begin{pmatrix} -a & -b \\ -c & -d \end{pmatrix}=-\begin{pmatrix} a & b \\ c & d \end{pmatrix}$

→ $kO=O$ → $k\times\begin{pmatrix} 0 & 0 \\ 0 & 0 \end{pmatrix}=\begin{pmatrix} k\times0 & k\times0 \\ k\times0 & k\times0 \end{pmatrix}=\begin{pmatrix} 0 & 0 \\ 0 & 0 \end{pmatrix}$

→ $0A=O$ → $0\times\begin{pmatrix} a & b \\ c & d \end{pmatrix}=\begin{pmatrix} 0\times a & 0\times b \\ 0\times c & 0\times d \end{pmatrix}=\begin{pmatrix} 0 & 0 \\ 0 & 0 \end{pmatrix}$

두 행렬 $A = \begin{pmatrix} 1 & 3 \\ 5 & 7 \end{pmatrix}$, $B = \begin{pmatrix} 0 & -2 \\ 1 & -5 \end{pmatrix}$ 일 때, 등식 $A - 2(B+X) = 3A + 2B$를 만족하는 행렬 X를 구하시오.

탐구 주어진 등식을 정리하여 X를 구한 후 행렬을 계산한다.

풀이 **1st** 주어진 등식을 정리하여 X를 구하면

$$A - 2B - 2X = 3A + 2B$$
$$-2X = 2A + 4B$$
$$X = -A - 2B$$

2nd 행렬의 덧셈, 실수배에 대한 기본 법칙을 이용하여 X를 계산하면

$$X = -\begin{pmatrix} 1 & 3 \\ 5 & 7 \end{pmatrix} - 2\begin{pmatrix} 0 & -2 \\ 1 & -5 \end{pmatrix}$$
$$= \begin{pmatrix} -1 & -3 \\ -5 & -7 \end{pmatrix} + \begin{pmatrix} 0 & 4 \\ -2 & 10 \end{pmatrix} = \begin{pmatrix} -1 & 1 \\ -7 & 3 \end{pmatrix}$$

정답 $\begin{pmatrix} -1 & 1 \\ -7 & 3 \end{pmatrix}$

두 행렬 $A = \begin{pmatrix} 1 & -8 \\ -6 & 3 \end{pmatrix}$, $B = \begin{pmatrix} 7 & 4 \\ -2 & 1 \end{pmatrix}$ 일 때, 다음 두 식을 동시에 성립시키는 행렬 X, Y를 각각 구하시오.

$$\begin{cases} X - 2Y = A \\ 2X + Y = B \end{cases}$$

탐구 연립방정식을 풀어 X, Y를 구하고 계산한다.

풀이 **1st** $X - 2Y = A$ ······ ①, $2X + Y = B$ ······ ②라 하고 ①+2×②를 하면

$$5X = A + 2B$$
$$X = \frac{1}{5}(A + 2B) = \frac{1}{5}\left\{ \begin{pmatrix} 1 & -8 \\ -6 & 3 \end{pmatrix} + 2\begin{pmatrix} 7 & 4 \\ -2 & 1 \end{pmatrix} \right\}$$
$$= \frac{1}{5}\begin{pmatrix} 15 & 0 \\ -10 & 5 \end{pmatrix} = \begin{pmatrix} 3 & 0 \\ -2 & 1 \end{pmatrix}$$

2nd X를 ②에 대입하여 Y를 구하면

$$Y = B - 2X$$
$$= \begin{pmatrix} 7 & 4 \\ -2 & 1 \end{pmatrix} - 2\begin{pmatrix} 3 & 0 \\ -2 & 1 \end{pmatrix} = \begin{pmatrix} 1 & 4 \\ 2 & -1 \end{pmatrix}$$

정답 $X = \begin{pmatrix} 3 & 0 \\ -2 & 1 \end{pmatrix}$, $Y = \begin{pmatrix} 1 & 4 \\ 2 & -1 \end{pmatrix}$

03 행렬의 곱셈

1 행렬의 곱셈

[1] 행렬의 곱의 정의

→ 두 행렬 A, B에 대하여 행렬 A의 열의 수와 행렬 B의 행의 수가 같을 때 AB를 정하고, 행렬 A의 제i행과 행렬 B의 제j열의 성분을 차례로 곱해 더한 것을 (i, j) 성분으로 하는 행렬을 두 행렬 A와 B의 **곱**이라 한다.

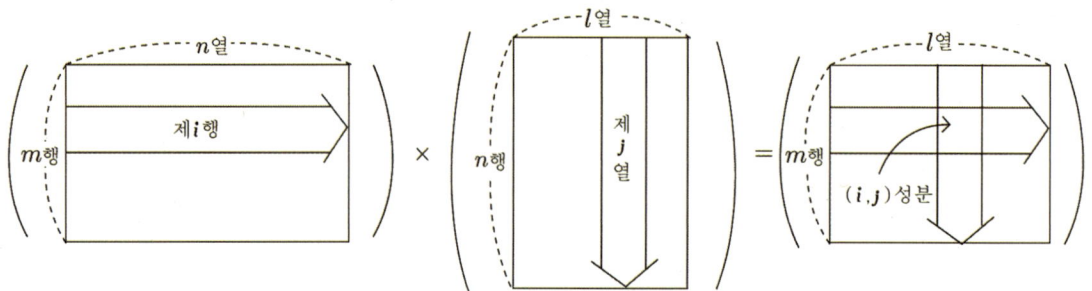

$$\rightarrow (m \times n \text{행렬}) \times (n \times l \text{행렬}) = (m \times l \text{행렬})$$

[2] 행렬의 곱의 계산 방법

→ 행렬 A의 제i행과 행렬 B의 제j열의 성분을 차례로 곱해서 더한다.

(1) $(1 \times 2 \text{ 행렬}) (2 \times 1 \text{ 행렬}) = (1 \times 1 \text{ 행렬})$

$$\begin{pmatrix} a_1 & a_2 \end{pmatrix} \begin{pmatrix} b_1 \\ b_2 \end{pmatrix} = a_1 b_1 + a_2 b_2$$

> **체크** 1×1 행렬은 ( )를 생략하고 나타낸다.

(2) $(1 \times 2 \text{ 행렬}) (2 \times 2 \text{ 행렬}) = (1 \times 2 \text{ 행렬})$

$$\begin{pmatrix} a_1 & a_2 \end{pmatrix} \begin{pmatrix} b_1 & b_2 \\ c_1 & c_2 \end{pmatrix} = \begin{pmatrix} a_1 b_1 + a_2 c_1 & a_1 b_2 + a_2 c_2 \end{pmatrix}$$

(3) $(2 \times 2 \text{ 행렬}) (2 \times 2 \text{ 행렬}) = (2 \times 2 \text{ 행렬})$

$$\begin{pmatrix} a_1 & a_2 \\ b_1 & b_2 \end{pmatrix} \begin{pmatrix} c_1 & c_2 \\ d_1 & d_2 \end{pmatrix} = \begin{pmatrix} a_1 c_1 + a_2 d_1 & a_1 c_2 + a_2 d_2 \\ b_1 c_1 + b_2 d_1 & b_1 c_2 + b_2 d_2 \end{pmatrix}$$

(4) $(2 \times 1 \text{ 행렬}) (1 \times 2 \text{ 행렬}) = (2 \times 2 \text{ 행렬})$

$$\begin{pmatrix} a_1 \\ b_1 \end{pmatrix} \begin{pmatrix} c_1 & c_2 \end{pmatrix} = \begin{pmatrix} a_1 c_1 & a_1 c_2 \\ b_1 c_1 & b_1 c_2 \end{pmatrix}$$

(5) $(2 \times 2 \text{ 행렬}) (2 \times 3 \text{ 행렬}) = (2 \times 3 \text{ 행렬})$

$$\begin{pmatrix} a_1 & a_2 \\ b_1 & b_2 \end{pmatrix} \begin{pmatrix} c_1 & c_2 & c_3 \\ d_1 & d_2 & d_3 \end{pmatrix} = \begin{pmatrix} a_1 c_1 + a_2 d_1 & a_1 c_2 + a_2 d_2 & a_1 c_3 + a_2 d_3 \\ b_1 c_1 + b_2 d_1 & b_1 c_2 + b_2 d_2 & b_1 c_3 + b_2 d_3 \end{pmatrix}$$

행렬의 곱셈

→ AB에서 A의 행에 B의 열을 곱하여 더하는 것이다!

① 조건: AB $\begin{cases} A\text{의 열의 개수} \\ B\text{의 행의 개수} \end{cases}$ 同

② 계산: $AB \to (\to)(\downarrow) = \overset{\to}{\downarrow} \otimes \text{ and } \oplus$

③ 결과: $AB \to (\widehat{m \times n)(n} \times l) = (m \times l)$

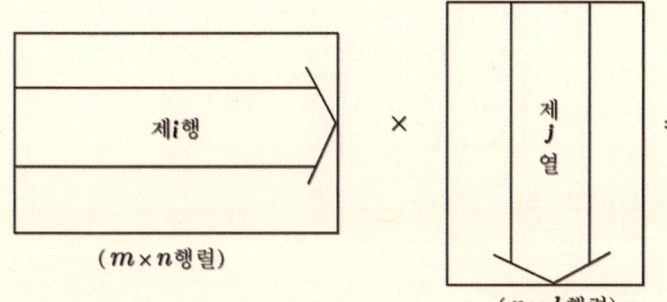

제i행 $\qquad$ × $\qquad$ 제j열 $\qquad$ = $\qquad$ (i,j)성분

$(m \times n$행렬$)$ $\qquad\qquad$ $(n \times l$행렬$)$ $\qquad\qquad$ $(m \times l$행렬$)$

$$\begin{pmatrix} 1 & 2 \\ 3 & 4 \\ 5 & 6 \end{pmatrix} \begin{pmatrix} a & b & c \\ x & y & z \end{pmatrix} = \begin{pmatrix} 1a+2x & 1b+2y & 1c+2z \\ 3a+4x & 3b+4y & 3c+4z \\ 5a+6x & 5b+6y & 5c+6z \end{pmatrix}$$

同 (같을 동)

기|본|예|제 13

다음을 각각 계산하시오.

(1) $(3 \ -1)\begin{pmatrix} 2 \\ 1 \end{pmatrix}$ (2) $\begin{pmatrix} 3 \\ 2 \end{pmatrix}(1 \ 4)$ (3) $(3 \ 0)\begin{pmatrix} 2 & 1 \\ -1 & 2 \end{pmatrix}$ (4) $\begin{pmatrix} -2 & 2 \\ 4 & 5 \end{pmatrix}\begin{pmatrix} 3 \\ -1 \end{pmatrix}$

탐구 행렬의 곱 $AB \to (A\text{의 열의 개수}) = (B\text{의 행의 개수})$

$\qquad\qquad \to (m \times k \text{ 행렬}) \times (k \times l \text{ 행렬}) = (m \times l \text{ 행렬})$

풀이 **1st** 행렬의 곱셈을 하면

(1) (준식) $= (3 \times 2 - 1 \times 1) = 5$

(2) (준식) $= \begin{pmatrix} 3 \times 1 & 3 \times 4 \\ 2 \times 1 & 2 \times 4 \end{pmatrix} = \begin{pmatrix} 3 & 12 \\ 2 & 8 \end{pmatrix}$

(3) (준식) $= (3 \times 2 + 0 \times (-1) \quad 3 \times 1 + 0 \times 2) = (6 \ 3)$

(4) (준식) $= \begin{pmatrix} -2 \times 3 + 2 \times (-1) \\ 4 \times 3 + 5 \times (-1) \end{pmatrix} = \begin{pmatrix} -8 \\ 7 \end{pmatrix}$

정답 (1) 5 (2) $\begin{pmatrix} 3 & 12 \\ 2 & 8 \end{pmatrix}$ (3) $(6 \ 3)$ (4) $\begin{pmatrix} -8 \\ 7 \end{pmatrix}$

두 행렬 $A = \begin{pmatrix} 2 & -1 \\ 1 & 2 \end{pmatrix}$, $B = \begin{pmatrix} 0 & 3 \\ -2 & 1 \end{pmatrix}$에 대하여 다음을 구하시오.

(1) $A(A+2B)$ (2) $AB+BA$

탐구
$$\begin{pmatrix} a & b \\ c & d \end{pmatrix}\begin{pmatrix} e & f \\ g & h \end{pmatrix} = \begin{pmatrix} ae+bg & af+bh \\ ce+dg & cf+dh \end{pmatrix}$$

풀이

(1) **1st** $A+2B$를 계산하면

$$A+2B = \begin{pmatrix} 2 & -1 \\ 1 & 2 \end{pmatrix} + 2\begin{pmatrix} 0 & 3 \\ -2 & 1 \end{pmatrix}$$

$$= \begin{pmatrix} 2 & -1 \\ 1 & 2 \end{pmatrix} + \begin{pmatrix} 0 & 6 \\ -4 & 2 \end{pmatrix} = \begin{pmatrix} 2 & 5 \\ -3 & 4 \end{pmatrix}$$

2nd $A(A+2B)$를 계산하면

$$(준식) = \begin{pmatrix} 2 & -1 \\ 1 & 2 \end{pmatrix}\begin{pmatrix} 2 & 5 \\ -3 & 4 \end{pmatrix}$$

$$= \begin{pmatrix} 4+3 & 10-4 \\ 2-6 & 5+8 \end{pmatrix} = \begin{pmatrix} 7 & 6 \\ -4 & 13 \end{pmatrix}$$

(2) **1st** AB와 BA를 각각 구하면

$$AB = \begin{pmatrix} 2 & -1 \\ 1 & 2 \end{pmatrix}\begin{pmatrix} 0 & 3 \\ -2 & 1 \end{pmatrix}$$

$$= \begin{pmatrix} 0+2 & 6-1 \\ 0-4 & 3+2 \end{pmatrix} = \begin{pmatrix} 2 & 5 \\ -4 & 5 \end{pmatrix}$$

$$BA = \begin{pmatrix} 0 & 3 \\ -2 & 1 \end{pmatrix}\begin{pmatrix} 2 & -1 \\ 1 & 2 \end{pmatrix}$$

$$= \begin{pmatrix} 0+3 & 0+6 \\ -4+1 & 2+2 \end{pmatrix} = \begin{pmatrix} 3 & 6 \\ -3 & 4 \end{pmatrix}$$

2nd $AB+BA$를 계산하면

$$(준식) = \begin{pmatrix} 2 & 5 \\ -4 & 5 \end{pmatrix} + \begin{pmatrix} 3 & 6 \\ -3 & 4 \end{pmatrix} = \begin{pmatrix} 5 & 11 \\ -7 & 9 \end{pmatrix}$$

정답 (1) $\begin{pmatrix} 7 & 6 \\ -4 & 13 \end{pmatrix}$ (2) $\begin{pmatrix} 5 & 11 \\ -7 & 9 \end{pmatrix}$

MEMO

2 행렬의 곱셈의 성질

→ 교환법칙은 성립하지 않고 결합법칙과 분배법칙은 성립한다.

[1] $AB \neq BA$

[2] $(AB)C = A(BC)$

[3] $A(B+C) = AB+AC$, $(A+B)C = AC+BC$

[4] $(kA)B = A(kB) = k(AB)$ (단, k는 실수)

> **체크** $AO = OA = O \leftarrow O$의 경우에는 곱셈에 대한 교환법칙이 성립한다.

강의 **행렬의 곱셈**

→ 교환법칙이 성립하지 않으므로 $AB \neq BA$이다!

→ 교환법칙은 성립하지 않고 결합법칙과 분배법칙은 성립한다.

① $AB \neq BA$

② $(AB)C = A(BC)$

③ $A(B+C) = AB+AC$, $(A+B)C = AC+BC$

④ $(kA)B = A(kB) = k(AB)$ (단, k는 실수)

주의 A, B가 정사각행렬이고, a, b가 상수일 때

① $(A+B)^2 = A^2+AB+BA+B^2 \neq A^2+2AB+B^2$

② $(A+B)(A-B) = A^2-AB+BA-B^2 \neq A^2-B^2$

③ $(aA+bB)^2 = a^2A^2+abAB+abBA+b^2B^2$

기|본|예|제 15

행렬 $A = \begin{pmatrix} 1 & 3 \\ 3 & 7 \end{pmatrix}$, $BC = \begin{pmatrix} 5 & 3 \\ 3 & 4 \end{pmatrix}$에 대하여 행렬 $(AB)C$를 구하시오.

탐구 $(AB)C = A(BC) \rightarrow$ 결합법칙 성립

풀이 ①st $(AB)C = A(BC)$이므로

$$(준식) = \begin{pmatrix} 1 & 3 \\ 3 & 7 \end{pmatrix}\begin{pmatrix} 5 & 3 \\ 3 & 4 \end{pmatrix} = \begin{pmatrix} 14 & 15 \\ 36 & 37 \end{pmatrix}$$

정답 $\begin{pmatrix} 14 & 15 \\ 36 & 37 \end{pmatrix}$

행렬 $A = \begin{pmatrix} 0 & 2 \\ -1 & 3 \end{pmatrix}$, $B+C = \begin{pmatrix} 3 & 2 \\ -2 & 1 \end{pmatrix}$에 대하여 행렬 $AB+AC$를 구하시오.

탐구 $A(B+C) = AB+AC \rightarrow$ 분배법칙 성립

풀이   **1st** $AB+AC = A(B+C)$이므로

$\qquad$ (준식) $= A(B+C)$

$\qquad\qquad = \begin{pmatrix} 0 & 2 \\ -1 & 3 \end{pmatrix}\begin{pmatrix} 3 & 2 \\ -2 & 1 \end{pmatrix}$

$\qquad\qquad = \begin{pmatrix} 0-4 & 0+2 \\ -3-6 & -2+3 \end{pmatrix}$

$\qquad\qquad = \begin{pmatrix} -4 & 2 \\ -9 & 1 \end{pmatrix}$

✔ **정답** $\begin{pmatrix} -4 & 2 \\ -9 & 1 \end{pmatrix}$

두 행렬 $A = \begin{pmatrix} 1 & 1 \\ -1 & 0 \end{pmatrix}$, $B = \begin{pmatrix} 2 & x \\ y & 0 \end{pmatrix}$이 $(A-B)^2 = A^2 - 2AB + B^2$을 만족할 때, 실수 x, y에 대하여 $x+y$의 값을 구하시오.

탐구 $(A-B)^2 = A^2 - 2AB + B^2 \rightarrow AB = BA$

풀이   **1st** AB와 BA를 각각 구하면

$\qquad AB = \begin{pmatrix} 1 & 1 \\ -1 & 0 \end{pmatrix}\begin{pmatrix} 2 & x \\ y & 0 \end{pmatrix} = \begin{pmatrix} 2+y & x \\ -2 & -x \end{pmatrix}$

$\qquad BA = \begin{pmatrix} 2 & x \\ y & 0 \end{pmatrix}\begin{pmatrix} 1 & 1 \\ -1 & 0 \end{pmatrix} = \begin{pmatrix} 2-x & 2 \\ y & y \end{pmatrix}$

2nd $(A-B)^2 = (A-B)(A-B) = A^2 - AB - BA + B^2 = A^2 - 2AB + B^2$ 이려면

$\qquad AB = BA$이므로

$\qquad \begin{pmatrix} 2+y & x \\ -2 & -x \end{pmatrix} = \begin{pmatrix} 2-x & 2 \\ y & y \end{pmatrix}$

$\qquad \therefore\ x=2,\ y=-2$

3rd $x+y$의 값을 구하면

$\qquad x+y=0$

✔ **정답** 0

3 영행렬과 그 성질

(1) $AB = O \not\Longleftrightarrow A = O$ 또는 $B = O$

(2) $AB = AC$ (단, $A \neq O$) $\not\Longleftrightarrow B = C$

(3) $A^2 = O \not\Longleftrightarrow A = O$

체크 영인자

→ $A \neq O$, $B \neq O$이고, $AB = O$일 때, A, B를 영인자라 한다.

강의 $AB = O$의 의미

→ $A = O$ 또는 $B = O$인 것은 아니다!

① $AB = O \not\Longleftrightarrow A = O$ or $B = O$

② $AB = AC$ (단, $A \neq O$) $\not\Longleftrightarrow B = C$

③ $A^2 = O \not\Longleftrightarrow A = O$

주의 영인자(零因子) → $AB = O \, (A \neq O, \, B \neq O)$

① $A \rightarrow$ 좌측 영인자

② $B \rightarrow$ 우측 영인자

零(떨어질 영)   因(인할 인)   子(아들 자)

기|본|예|제 18

행렬 $A = \begin{pmatrix} 1 & 1 \\ -1 & x \end{pmatrix}$일 때, $A^2 = O$이 되도록 하는 실수 x의 값을 구하시오.

탐구 $A^2 = O \overset{\times}{\longrightarrow} A = O$

풀이 (1st) $A^2 = AA = O$이므로

$$\begin{pmatrix} 1 & 1 \\ -1 & x \end{pmatrix}\begin{pmatrix} 1 & 1 \\ -1 & x \end{pmatrix} = \begin{pmatrix} 0 & 1+x \\ -1-x & -1+x^2 \end{pmatrix} = \begin{pmatrix} 0 & 0 \\ 0 & 0 \end{pmatrix}$$

(2nd) 행렬이 서로 같을 조건에 의해

$$1 + x = 0, \quad -1 + x^2 = 0$$

(3rd) 두 식을 모두 만족하는 x의 값을 구하면

$$x = -1$$

정답 -1

04 단위행렬

1 단위행렬과 그 성질

[1] 단위행렬

→ 정사각행렬 중에서 $\begin{pmatrix} 1 & 0 \\ 0 & 1 \end{pmatrix}$, $\begin{pmatrix} 1 & 0 & 0 \\ 0 & 1 & 0 \\ 0 & 0 & 1 \end{pmatrix}$ 과 같이 왼쪽 위에서 오른쪽 아래로 대각선 위의 성분이 모두

1이고, 나머지 성분은 모두 0인 행렬을 **단위행렬**이라 하고, E로 나타낸다.

예를 들어, 2차, 3차 단위행렬은 다음과 같다.

$$\begin{pmatrix} 1 & 0 \\ 0 & 1 \end{pmatrix}, \begin{pmatrix} 1 & 0 & 0 \\ 0 & 1 & 0 \\ 0 & 0 & 1 \end{pmatrix}$$

(1) A, E가 같은 꼴의 정사각행렬일 때

→ $AE = EA = A$

(2) $E^2 = E$, $E^3 = E$, $\cdots$, $E^n = E$

[2] 행렬의 곱셈

→ $AB \neq BA$이므로

(1) $(AB)^2 = ABAB \neq A^2 B^2$

(2) $(A+B)(A-B) = A^2 - AB + BA - B^2 \neq A^2 - B^2$

(3) $(A \pm B)^2 = A^2 \pm AB \pm BA + B^2 \neq A^2 \pm 2AB + B^2$

(4) $(A \pm B)^3 \neq A^3 \pm 3A^2 B + 3AB^2 \pm B^3$

[3] 단위행렬의 곱셈

→ $AE = EA$이므로

(1) $(AE)^2 = A^2 E^2 = A^2$

(2) $(A+E)(A-E) = A^2 - E^2 = A^2 - E$

(3) $(A \pm E)^2 = A^2 \pm 2AE + E^2 = A^2 \pm 2A + E$

(4) $(A \pm E)^3 = A^3 \pm 3A^2 E + 3AE^2 \pm E^3 = A^3 \pm 3A^2 + 3A \pm E$

> **체크** 임의의 2차 정사각행렬 A에 대하여 $AX = XA$가 성립하면
> 2차 정사각행렬 X는 $X = kE$ (k는 실수, E는 단위행렬)이다.

단위행렬 E

→ 교환법칙이 성립하므로 $AE = EA = A$이다!

→ $\begin{cases} \text{대각선 성분 } 1 \\ \text{나머지 성분 } 0 \end{cases}$

→ $E = \begin{pmatrix} 1 & 0 & 0 \\ 0 & 1 & 0 \\ 0 & 0 & 1 \end{pmatrix}$ → 3차 단위행렬

① $AE = EA = A$

② $E^2 = E, \ E^3 = E, \ \cdots\cdots, \ E^n = E$

주의 행렬의 곱셈과 단위행렬의 곱셈

$AB \neq BA$	$AE = EA$
$(AB)^2 \neq A^2 B^2$	$(AE)^2 = A^2 E^2$
$(A+B)(A-B) \neq A^2 - B^2$	$(A+E)(A-E) = A^2 - E^2$
$(A \pm B)^2 \neq A^2 \pm 2AB + B^2$	$(A \pm E)^2 = A^2 \pm 2AE + E^2$
$(A \pm B)^3 \neq A^3 \pm 3A^2 B + 3AB^2 \pm B^3$	$(A \pm E)^3 = A^3 \pm 3A^2 E + 3AE^2 \pm E^3$

기|본|예|제 19

행렬 $A = \begin{pmatrix} 1 & -1 \\ 2 & 1 \end{pmatrix}$에 대하여 $(A-E)(A^2 + A + E)$를 구하시오.

탐구 $AE = EA = A, \ E^2 = E$

 풀이 **1st** 준식을 정리하면

$$(준식) = A^3 + A^2 + AE - EA^2 - EA - E^3 = A^3 - E$$

2nd 준식을 계산하면

$$(준식) = \begin{pmatrix} 1 & -1 \\ 2 & 1 \end{pmatrix}\begin{pmatrix} 1 & -1 \\ 2 & 1 \end{pmatrix}\begin{pmatrix} 1 & -1 \\ 2 & 1 \end{pmatrix} - \begin{pmatrix} 1 & 0 \\ 0 & 1 \end{pmatrix}$$

$$= \begin{pmatrix} -1 & -2 \\ 4 & -1 \end{pmatrix}\begin{pmatrix} 1 & -1 \\ 2 & 1 \end{pmatrix} - \begin{pmatrix} 1 & 0 \\ 0 & 1 \end{pmatrix}$$

$$= \begin{pmatrix} -5 & -1 \\ 2 & -5 \end{pmatrix} - \begin{pmatrix} 1 & 0 \\ 0 & 1 \end{pmatrix} = \begin{pmatrix} -6 & -1 \\ 2 & -6 \end{pmatrix}$$

정답 $\begin{pmatrix} -6 & -1 \\ 2 & -6 \end{pmatrix}$

→ 행렬 A가 정사각행렬이고 m, n이 자연수일 때

(1) $A^1 = A$, $A^2 = AA$, $A^3 = A^2 A$, $\cdots$, $A^m = A^{m-1} A$

(2) $A^m A^n = A^{m+n}$

(3) $(A^m)^n = A^{mn}$

강의 A^n 의 계산

→ A^2, A^3, $\cdots$ 을 구하여 E or 규칙이 탄생될 때까지 실행한다!

Type 1 A^2, A^3, $\cdots$ 을 구한다. → E 탄생

$\to A^3 = E \to A^{100} = (A^3)^{33} \times A = A$

Type 2 A^2, A^3, $\cdots$ 을 구한다. → 규칙 탄생

규칙 ① $\begin{pmatrix} a & 0 \\ 0 & d \end{pmatrix}^n = \begin{pmatrix} a^n & 0 \\ 0 & d^n \end{pmatrix}$

규칙 ② $\begin{pmatrix} 0 & b \\ 0 & 0 \end{pmatrix}^n = \begin{pmatrix} 0 & 0 \\ 0 & 0 \end{pmatrix}$ $(n \geq 2)$

규칙 ③ $\begin{pmatrix} 1 & b \\ 0 & 1 \end{pmatrix}^n = \begin{pmatrix} 1 & nb \\ 0 & 1 \end{pmatrix}$

규칙 ④ $\begin{pmatrix} 1 & 0 \\ a & 1 \end{pmatrix}^n = \begin{pmatrix} 1 & 0 \\ na & 1 \end{pmatrix}$

규칙 ⑤ $\begin{pmatrix} a & b \\ 0 & a \end{pmatrix}^n = \begin{pmatrix} a^n & na^{n-1}b \\ 0 & a^n \end{pmatrix}$

주의 행렬의 거듭제곱

→ A: 정사각행렬, m, n: 자연수

① $A^m = A^{m-1} A$

② $A^m A^n = A^{m+n}$

③ $(A^m)^n = A^{mn}$

행렬 $A = \begin{pmatrix} 2 & -1 \\ 3 & -1 \end{pmatrix}$에 대하여 행렬 A^{99}를 구하시오.

탐구 $E^n = E$

풀이 ①st A^2, A^3, $\cdots$을 구하면

$$A^2 = \begin{pmatrix} 2 & -1 \\ 3 & -1 \end{pmatrix}\begin{pmatrix} 2 & -1 \\ 3 & -1 \end{pmatrix} = \begin{pmatrix} 1 & -1 \\ 3 & -2 \end{pmatrix}$$

$$A^3 = A^2 A = \begin{pmatrix} 1 & -1 \\ 3 & -2 \end{pmatrix}\begin{pmatrix} 2 & -1 \\ 3 & -1 \end{pmatrix} = \begin{pmatrix} -1 & 0 \\ 0 & -1 \end{pmatrix} = -E$$

②nd $A^3 = -E$임을 이용하여 구하는 행렬의 거듭제곱을 간단히 하면

$$A^{99} = (A^3)^{33}$$

$$= (-E)^{33} = -E^{33} = -E = \begin{pmatrix} -1 & 0 \\ 0 & -1 \end{pmatrix}$$

정답 $\begin{pmatrix} -1 & 0 \\ 0 & -1 \end{pmatrix}$

행렬 $A = \begin{pmatrix} 1 & 1 \\ 0 & 1 \end{pmatrix}$에 대하여 행렬 A^{25}를 구하시오.

탐구 A^2, A^3, $\cdots$을 구하여 A^n을 추정한다.

풀이 ①st A^2, A^3, $\cdots$을 구하면

$$A^2 = AA = \begin{pmatrix} 1 & 1 \\ 0 & 1 \end{pmatrix}\begin{pmatrix} 1 & 1 \\ 0 & 1 \end{pmatrix} = \begin{pmatrix} 1 & 2 \\ 0 & 1 \end{pmatrix}$$

$$A^3 = A^2 A = \begin{pmatrix} 1 & 2 \\ 0 & 1 \end{pmatrix}\begin{pmatrix} 1 & 1 \\ 0 & 1 \end{pmatrix} = \begin{pmatrix} 1 & 3 \\ 0 & 1 \end{pmatrix}$$

$$A^4 = A^3 A = \begin{pmatrix} 1 & 3 \\ 0 & 1 \end{pmatrix}\begin{pmatrix} 1 & 1 \\ 0 & 1 \end{pmatrix} = \begin{pmatrix} 1 & 4 \\ 0 & 1 \end{pmatrix}$$

$$\vdots$$

$$A^n = \begin{pmatrix} 1 & n \\ 0 & 1 \end{pmatrix}$$

②nd 규칙을 이용하여 A^{25}을 구하면

$$A^{25} = \begin{pmatrix} 1 & 25 \\ 0 & 1 \end{pmatrix}$$

정답 $\begin{pmatrix} 1 & 25 \\ 0 & 1 \end{pmatrix}$

➡ $A = \begin{pmatrix} a & b \\ c & d \end{pmatrix}$일 때, $A^2 - (a+d)A + (ad-bc)E = O$

체크 고유방정식

행렬 $A = \begin{pmatrix} a & b \\ c & d \end{pmatrix}$에 대하여 $(a-x)(d-x) - bc = 0$, 즉 $x^2 - (a+d)x + (ad-bc) \cdot 1 = 0$

을 행렬 A의 고유방정식이라 하고, 고유방정식에 x 대신에 A, 1 대신에 E, 0 대신에 O를 대입한 것이 바로 케일리-해밀턴의 정리이다.

$$x^2 - (a+d)x + (ad-bc) \cdot 1 = 0$$
$$\updownarrow \qquad\qquad \updownarrow \qquad\qquad\qquad \updownarrow \quad \updownarrow$$
$$A^2 - (a+d)A + (ad-bc)E = O$$

강의 **Cauley-Hamilton의 정리**

➡ 행렬의 고차식을 간단히 하는데 이용한다!

$$A = \begin{pmatrix} a & b \\ c & d \end{pmatrix} \rightarrow A^2 - (a+d)A + (ad-bc)E = O$$

① 2차식 → 미정계수 결정

② (고차식)÷(2차식) → 나머지(답)

기|본|예|제 22

행렬 $A = \begin{pmatrix} 1 & 4 \\ 2 & 6 \end{pmatrix}$에 대하여 $A^2 + kA + lE = O$를 만족하는 실수 k, l의 값을 구하시오. (단, E는 단위행렬, O는 영행렬)

탐구 $A = \begin{pmatrix} a & b \\ c & d \end{pmatrix} \rightarrow A^2 - (a+d)A + (ad-bc)E = O$

풀이 (1st) $A = \begin{pmatrix} 1 & 4 \\ 2 & 6 \end{pmatrix}$에 대하여 케일리-해밀턴 정리를 이용하면

$$A^2 - (1+6)A + (6-8)E = O$$
$$A^2 - 7A - 2E = O$$
$$\therefore k = -7, \ l = -2$$

정답 $k = -7, \ l = -2$

행렬 $A = \begin{pmatrix} -1 & -3 \\ 1 & a \end{pmatrix}$에 대하여 $A^2 - A + E = O$일 때, 행렬 A^{100}을 구하시오.

탐구 $A = \begin{pmatrix} a & b \\ c & d \end{pmatrix} \rightarrow A^2 - (a+d)A + (ad-bc)E = O$

풀이 (1st) $A = \begin{pmatrix} -1 & -3 \\ 1 & a \end{pmatrix}$에 대하여 케일리−해밀턴 정리를 이용하면

$$A^2 - (-1+a)A + (-a+3)E = O$$

(2nd) $A^2 - A + E = O$이므로

$$-1+a = 1 \quad \therefore \ a = 2 \quad \therefore \ A = \begin{pmatrix} -1 & -3 \\ 1 & 2 \end{pmatrix}$$

(3rd) $A^2 - A + E = O$의 양변에 $A+E$를 곱하고 정리하면

$$(A+E)(A^2-A+E) = A^3 + E = O \qquad \therefore \ A^3 = -E \quad \cdots\cdots \text{①}$$

(4th) ①을 이용하여 준식을 간단히 하면

$$(준식) = (A^3)^{33} \times A = (-E)^{33} \times A = -A = \begin{pmatrix} 1 & 3 \\ -1 & -2 \end{pmatrix}$$

정답 $\begin{pmatrix} 1 & 3 \\ -1 & -2 \end{pmatrix}$

행렬 $A = \begin{pmatrix} 2 & 1 \\ -1 & 0 \end{pmatrix}$에 대하여 $A^5 - 2A^4 + 3A^2 - 2A + 2E$를 구하시오.

탐구 $A = \begin{pmatrix} a & b \\ c & d \end{pmatrix} \rightarrow A^2 - (a+d)A + (ad-bc)E = O$

풀이 (1st) $A = \begin{pmatrix} 2 & 1 \\ -1 & 0 \end{pmatrix}$에 대하여 케일리−해밀턴 정리를 이용하면

$$A^2 - (2+0)A + (0+1)E = O$$
$$\therefore \ A^2 - 2A + E = O \quad \cdots\cdots \text{①}$$

(2nd) 준식을 ①로 나누면

$$(준식) = (A^2 - 2A + E)(A^3 - A + E) + A + E$$
$$= A + E$$
$$= \begin{pmatrix} 2 & 1 \\ -1 & 0 \end{pmatrix} + \begin{pmatrix} 1 & 0 \\ 0 & 1 \end{pmatrix} = \begin{pmatrix} 3 & 1 \\ -1 & 1 \end{pmatrix}$$

정답 $\begin{pmatrix} 3 & 1 \\ -1 & 1 \end{pmatrix}$

반복 학습 기록란.

가장 좋은 학습 방법은 학교에서나 학원에서나 선생님의 강의를 열심히 듣고 여러 번 반복 학습하는 것입니다.
지금부터 당장 선생님의 강의를 열심히 듣고 반복! 반복하십시오. 그러면 곧 모든 과목에 자신이 생길 것입니다.

회수	시작이 반!			끝을 봐야!			확인
제1회	년	월	일부터	년	월	일까지	
제2회	년	월	일부터	년	월	일까지	
제3회	년	월	일부터	년	월	일까지	
제4회	년	월	일부터	년	월	일까지	
제5회	년	월	일부터	년	월	일까지	
제6회	년	월	일부터	년	월	일까지	
제7회	년	월	일부터	년	월	일까지	
제8회	년	월	일부터	년	월	일까지	
제9회	년	월	일부터	년	월	일까지	
제10회	년	월	일부터	년	월	일까지	

단원 점검문제

▶ 아무런 도움 없이 스스로 연습장에 풀어 단원에 대한 성취도를 평가하고 미흡한 점이 있으면 배운 부분을 다시 반복 학습하도록 하자.

01 행렬을 보고 다음을 구하시오.

$$A = \begin{pmatrix} 1 & 2 & 3 \\ a & b & c \end{pmatrix}$$

(1) 행의 개수

(2) 열의 개수

(3) 제2행과 제3열이 교차하는 점의 성분

02 행렬 $\begin{pmatrix} 2 & a+1 \\ a & a-2 \end{pmatrix}$에서 제2열의 성분의 곱이 4일 때, 양수 a의 값을 구하시오.

03 다음 행렬 A, B, C, D의 꼴을 말하고, 정사각행렬을 고르시오.

(1) $A = \begin{pmatrix} -1 & 3 & 5 \end{pmatrix}$

(2) $B = \begin{pmatrix} -5 \\ 7 \end{pmatrix}$

(3) $C = \begin{pmatrix} 1 & 2 \\ 3 & 4 \end{pmatrix}$

(4) $D = \begin{pmatrix} -2 & 10 & 7 \\ 21 & -7 & 1 \end{pmatrix}$

04 다음 행렬을 구하시오.

(1) $i = 1, 2, 3$, $j = 1, 2$라 할 때, $a_{ij} = 2i + j^2 - 1$로 나타내어지는 행렬 A

(2) (i, j)성분 a_{ij}를 $a_{ij} = \begin{cases} 3j & (i \le j) \\ 2i + j & (i > j) \end{cases}$로 정의하는 2×2 행렬 A

05 $\begin{pmatrix} 2 & -a \\ 2b & -5 \end{pmatrix} = \begin{pmatrix} 2 & a+4 \\ a-4 & a+b \end{pmatrix}$ 가 성립할 때, 실수 a, b의 값을 구하시오.

06 다음을 계산하시오.

(1) $\begin{pmatrix} -4 & 1 \\ 2 & -3 \end{pmatrix} + \begin{pmatrix} -3 & 1 \\ 4 & 1 \end{pmatrix}$

(2) $\begin{pmatrix} 5 & 8 & -4 \\ 6 & 0 & 15 \end{pmatrix} + \begin{pmatrix} -6 & 5 & 0 \\ 7 & 1 & 4 \end{pmatrix}$

07 세 행렬 A, B, C가 $A = \begin{pmatrix} -1 & 0 \\ 2 & 1 \end{pmatrix}$, $B = \begin{pmatrix} 2 & 1 \\ -1 & 3 \end{pmatrix}$, $C = \begin{pmatrix} 3 & 1 \\ 2 & -3 \end{pmatrix}$ 일 때, $A - B + C$를 구하시오.

08 행렬 $A = \begin{pmatrix} 3 & -1 \\ 2 & 5 \end{pmatrix}$ 일 때, $A + X = O$를 만족하는 행렬 X를 구하시오. (단, O는 영행렬)

09 다음 등식을 만족시키는 실수 a, b, c에 대하여 $a+b+c$의 값을 구하시오.

$$2\begin{pmatrix} a & 1 \\ 2 & -1 \end{pmatrix} - \begin{pmatrix} 3 & b \\ 1 & 2 \end{pmatrix} = \begin{pmatrix} 1 & -1 \\ c & -4 \end{pmatrix}$$

10 세 행렬 A, B, C가 $A = \begin{pmatrix} -1 & 2 \\ 3 & 1 \end{pmatrix}$, $B = \begin{pmatrix} 1 & 0 \\ -2 & 3 \end{pmatrix}$, $C = \begin{pmatrix} 2 & 4 \\ -1 & 3 \end{pmatrix}$일 때, 행렬 $3A - 2B + C$의 성분 중 최댓값을 구하시오.

11 두 행렬 $A = \begin{pmatrix} 1 & 3 \\ 5 & 7 \end{pmatrix}$, $B = \begin{pmatrix} 0 & -2 \\ 1 & -5 \end{pmatrix}$일 때, 등식 $A - 2(B+X) = 3A + 2B$를 만족하는 행렬 X를 구하시오.

12 두 행렬 $A = \begin{pmatrix} 1 & -8 \\ -6 & 3 \end{pmatrix}$, $B = \begin{pmatrix} 7 & 4 \\ -2 & 1 \end{pmatrix}$일 때, 다음 두 식을 동시에 성립시키는 행렬 X, Y를 각각 구하시오.

$$\begin{cases} X - 2Y = A \\ 2X + Y = B \end{cases}$$

13 다음을 각각 계산하시오.

(1) $\begin{pmatrix} 3 & -1 \end{pmatrix} \begin{pmatrix} 2 \\ 1 \end{pmatrix}$

(2) $\begin{pmatrix} 3 \\ 2 \end{pmatrix} \begin{pmatrix} 1 & 4 \end{pmatrix}$

(3) $\begin{pmatrix} 3 & 0 \end{pmatrix} \begin{pmatrix} 2 & 1 \\ -1 & 2 \end{pmatrix}$

(4) $\begin{pmatrix} -2 & 2 \\ 4 & 5 \end{pmatrix} \begin{pmatrix} 3 \\ -1 \end{pmatrix}$

14 두 행렬 $A = \begin{pmatrix} 2 & -1 \\ 1 & 2 \end{pmatrix}$, $B = \begin{pmatrix} 0 & 3 \\ -2 & 1 \end{pmatrix}$에 대하여 다음을 구하시오.

(1) $A(A+2B)$

(2) $AB+BA$

15 행렬 $A = \begin{pmatrix} 1 & 3 \\ 3 & 7 \end{pmatrix}$, $BC = \begin{pmatrix} 5 & 3 \\ 3 & 4 \end{pmatrix}$에 대하여 행렬 $(AB)C$를 구하시오.

16 행렬 $A = \begin{pmatrix} 0 & 2 \\ -1 & 3 \end{pmatrix}$, $B+C = \begin{pmatrix} 3 & 2 \\ -2 & 1 \end{pmatrix}$에 대하여 행렬 $AB+AC$를 구하시오.

17 두 행렬 $A = \begin{pmatrix} 1 & 1 \\ -1 & 0 \end{pmatrix}$, $B = \begin{pmatrix} 2 & x \\ y & 0 \end{pmatrix}$이 $(A-B)^2 = A^2 - 2AB + B^2$을 만족할 때, 실수 x, y에 대하여 $x+y$의 값을 구하시오.

18 행렬 $A = \begin{pmatrix} 1 & 1 \\ -1 & x \end{pmatrix}$일 때, $A^2 = O$이 되도록 하는 실수 x의 값을 구하시오.

19 행렬 $A = \begin{pmatrix} 1 & -1 \\ 2 & 1 \end{pmatrix}$에 대하여 $(A-E)(A^2+A+E)$를 구하시오.

20 행렬 $A = \begin{pmatrix} 2 & -1 \\ 3 & -1 \end{pmatrix}$에 대하여 행렬 A^{99}를 구하시오.

21 행렬 $A = \begin{pmatrix} 1 & 1 \\ 0 & 1 \end{pmatrix}$에 대하여 행렬 A^{25}를 구하시오.

22 행렬 $A = \begin{pmatrix} 1 & 4 \\ 2 & 6 \end{pmatrix}$에 대하여 $A^2+kA+lE=O$를 만족하는 실수 k, l의 값을 구하시오. (단, E는 단위행렬, O는 영행렬)

23 행렬 $A = \begin{pmatrix} -1 & -3 \\ 1 & a \end{pmatrix}$에 대하여 $A^2-A+E=O$일 때, 행렬 A^{100}을 구하시오.

24 행렬 $A = \begin{pmatrix} 2 & 1 \\ -1 & 0 \end{pmatrix}$에 대하여 $A^5-2A^4+3A^2-2A+2E$를 구하시오.

빠른 정답

IV. 여러 가지 방정식

<01 삼차·사차방정식>

01. (1) $x=-1$, $x=\dfrac{1\pm\sqrt{3}\,i}{2}$

    (2) $x=2$, $x=-1\pm\sqrt{3}\,i$

02. (1) $x=\pm 2i$, $x=\pm 2$

    (2) $x=\pm 3i$, $x=\pm 3$

03. $x=-1$ 또는 $x=2$ 또는 $x=-1\pm\sqrt{2}\,i$

04. (1) $x=1$, $x=-3$, $x=\pm 2$

    (2) $x=0$, $x=-5$, $x=\dfrac{-5\pm\sqrt{15}\,i}{2}$

05. (1) $x=\pm\sqrt{3}$ 또는 $x=\pm i$

    (2) $x=\dfrac{-5\pm\sqrt{21}}{2}$ 또는 $x=\dfrac{5\pm\sqrt{21}}{2}$

06. $x=\dfrac{-5\pm\sqrt{21}}{2}$ 또는 $x=\dfrac{3\pm\sqrt{5}}{2}$

07. $x=1$

08. 3

09. 5 cm

10. (1) 10   (2) $-\dfrac{3}{5}$ (3) -11

11. (1) -3 (2) $a=-3$, $b=5$

12. $x^3+3x-2=0$

13. $x=3$ 또는 $x=3\omega$ 또는 $x=3\omega^2$

14. 0

15. $\dfrac{-1-\sqrt{3}\,i}{2}$

16. $\dfrac{1}{3}$

17. (1) -1 (2) -1

18. 1

<02 연립방정식>

01. 0

02. $\begin{cases} x=1 \\ y=2\sqrt{3} \end{cases}$ 또는 $\begin{cases} x=1 \\ y=-2\sqrt{3} \end{cases}$

    또는 $\begin{cases} x=-3 \\ y=-2 \end{cases}$ 또는 $\begin{cases} x=2 \\ y=3 \end{cases}$

03. $\begin{cases} x=3 \\ y=4 \end{cases}$ 또는 $\begin{cases} x=-3 \\ y=-4 \end{cases}$

04. (1) $x=2$, $y=1$, $z=3$

    (2) $x=3$, $y=2$, $z=1$

05. $\begin{cases} x=2 \\ y=-1 \end{cases}$ 또는 $\begin{cases} x=-1 \\ y=2 \end{cases}$

    또는 $\begin{cases} x=-2 \\ y=1 \end{cases}$ 또는 $\begin{cases} x=1 \\ y=-2 \end{cases}$

06. $\sqrt{3}$

07. 28 cm

08. $\begin{cases} x=1 \\ y=3 \\ z=1 \end{cases}$ 또는 $\begin{cases} x=2 \\ y=1 \\ z=2 \end{cases}$

    또는 $\begin{cases} x=3 \\ y=2 \\ z=1 \end{cases}$ 또는 $\begin{cases} x=5 \\ y=1 \\ z=1 \end{cases}$

09. $\begin{cases} x=2 \\ y=17 \end{cases}$ 또는 $\begin{cases} x=4 \\ y=9 \end{cases}$

    또는 $\begin{cases} x=6 \\ y=9 \end{cases}$ 또는 $\begin{cases} x=16 \\ y=17 \end{cases}$

10. 5

11. $x=\dfrac{1}{2}$, $y=-\dfrac{1}{2}$

12. (1) $a=1$, $b=2$ (2) 5

13. $\begin{cases} x=3 \\ y=5 \end{cases}$ 또는 $\begin{cases} x=-3 \\ y=-5 \end{cases}$

Ⅴ. 부등식

<01 연립일차부등식>

01. ⅰ) $a > 2$일 때, $x > -1$

ⅱ) $a < 2$일 때, $x < -1$

ⅲ) $a = 2$일 때, 해가 없다.

02. $x < -3$

03. $x < -3$

04. $-1 \leq x \leq 3$

05. $-3 \leq x \leq \dfrac{7}{10}$

06. $-1 \leq x < 1$

07. (1) $x = 2$

(2) 해는 없다.

08. 0

09. 5

10. $-5 < k \leq -3$

11. (1) $-1 < x < 5$

(2) $x < -1,\ x > 5$

(3) $5 < x < 6,\ -2 < x < -1$

12. (1) $x > 4$

(2) $x < 1$

13. 18

14. 6자루

<02 이차부등식>

01. (1) $x < -1$ 또는 $x > 3$

(2) $-\dfrac{1}{2} \leq x \leq 2$

02. (1) x는 모든 실수

(2) $x \neq \sqrt{3}$인 모든 실수

(3) $x = \sqrt{3}$

(4) 해는 없다.

03. (1) $x \leq 3 - \sqrt{2}$ 또는 $x \geq 3 + \sqrt{2}$

(2) $\dfrac{3 - \sqrt{17}}{4} < x < \dfrac{3 + \sqrt{17}}{4}$

04. (1) x는 모든 실수

(2) x는 모든 실수

(3) 해는 없다.

(4) 해는 없다.

05. $5\,\mathrm{m}$

06. ⅰ) $0 < a < 1$일 때, $1 < x < \dfrac{1}{a}$

ⅱ) $a = 1$일 때, 해는 없다.

ⅲ) $a > 1$일 때, $\dfrac{1}{a} < x < 1$

07. $-1 < x < 1$

08. (1) $x < -3$ 또는 $x > 5$

(2) $0 < x < 5$

09. $a = -\dfrac{1}{2},\ b = \dfrac{3}{2}$

10. $x < -2$ 또는 $x > 2$

11. $x < 0$

12. $-10 < a < 2$

13. $1 \leq m < 2$

14. $-3 < a < 0$ 또는 $a > 0$

15. $-1 < a < 1$

16. $a \geq 1$

17. $-1 \leq x \leq \dfrac{1}{2}$ 또는 $2 \leq x \leq \dfrac{5}{2}$

18. $x < -3$ 또는 $x \geq 2$

19. $-3 \leq a \leq 2$

20. $7\,\mathrm{cm}$ 이상 $8\,\mathrm{cm}$ 미만

21. $k < -1$

22. $8 \leq p < 9$

23. $-1 < k < 3$

Ⅵ. 경우의 수

⟨01 경우의 수⟩

01. 8

02. 17

03. 6

04. 144

05. 72

06. 13

07. 8

08. 6

09. 지불할 수 있는 방법의 수: 24
지불할 수 있는 금액의 수: 24

10. (1) 119   (2) 83

⟨02 순열과 조합⟩

01. (1) $n=5$ (2) $r=3$ (3) $n=4$ (4) $r=3$

02. ⑤

03. (1) 5040   (2) 210

04. 12

05. 36000

06. 432

07. 4320

08. 14400

09. (1) 65번째   (2) $bdcea$

10. 96

11. 420

12. 24

13. 108

14. (1) $n=7$ (2) $r=0$ 또는 2

15. (1) 210   (2) 35

16. 74

17. 70

18. 120

19. 20

20. 12000

21. 144

22. (1) 62   (2) 516

23. 150

24. 170

25. 482

Ⅶ. 행렬

⟨01 행렬과 그 연산⟩

01. (1) 2   (2) 3   (3) c

02. 3

03. (1) 1×3 행렬   (2) 2×1 행렬   (3) 2×2 행렬
(4) 2×3 행렬, 정사각행렬: (3)

04. (1) $A = \begin{pmatrix} 2 & 5 \\ 4 & 7 \\ 6 & 9 \end{pmatrix}$ (2) $A = \begin{pmatrix} 3 & 6 \\ 5 & 6 \end{pmatrix}$

05. $a=-2,\ b=-3$

06. (1) $\begin{pmatrix} -7 & 2 \\ 6 & -2 \end{pmatrix}$ (2) $\begin{pmatrix} -1 & 13 & -4 \\ 13 & 1 & 19 \end{pmatrix}$

07. $\begin{pmatrix} 0 & 0 \\ 5 & -5 \end{pmatrix}$

08. $\begin{pmatrix} -3 & 1 \\ -2 & -5 \end{pmatrix}$

09. 8

10. 12

11. $\begin{pmatrix} -1 & 1 \\ -7 & 3 \end{pmatrix}$

12. $X = \begin{pmatrix} 3 & 0 \\ -2 & 1 \end{pmatrix}$, $Y = \begin{pmatrix} 1 & 4 \\ 2 & -1 \end{pmatrix}$

13. (1) 5   (2) $\begin{pmatrix} 3 & 12 \\ 2 & 8 \end{pmatrix}$ (3) $(6 \ \ 3)$ (4) $\begin{pmatrix} -8 \\ 7 \end{pmatrix}$

14. (1) $\begin{pmatrix} 7 & 6 \\ -4 & 13 \end{pmatrix}$ (2) $\begin{pmatrix} 5 & 11 \\ -7 & 9 \end{pmatrix}$

15. $\begin{pmatrix} 14 & 15 \\ 36 & 37 \end{pmatrix}$

16. $\begin{pmatrix} -4 & 2 \\ -9 & 1 \end{pmatrix}$

17. 0

18. -1

19. $\begin{pmatrix} -6 & -1 \\ 2 & -6 \end{pmatrix}$

20. $\begin{pmatrix} -1 & 0 \\ 0 & -1 \end{pmatrix}$

21. $\begin{pmatrix} 1 & 25 \\ 0 & 1 \end{pmatrix}$

22. $k=-7,\ l=-2$

23. $\begin{pmatrix} 1 & 3 \\ -1 & -2 \end{pmatrix}$

24. $\begin{pmatrix} 3 & 1 \\ -1 & 1 \end{pmatrix}$